살고 싶은 갖고 싶은
작은 집 작은 가구

살고 싶은 갖고 싶은

작은 집
작은 가구

김선영 지음

위즈덤하우스

4년 전 겨울, 봄이면 아장아장 걷게 될 아이를 위해 우리는 공원 근처 아파트로 이사 갈 준비를 하고 있었다. 오래된 19평 복도식 아파트를 구입하는 데 우리가 가진 돈을 거의 다 써버렸기에 인테리어 공사를 할 비용도 가구를 구비할 비용도 턱없이 부족했다. 그 당시 시나리오 공모 준비를 함께 해오던 남편과 나에게 서재는 꼭 필요한 공간이었지만, 이미 두 칸의 방은 짐으로 가득 차 있었다. 결국 좁은 거실에 식탁 겸 책상으로 사용할 테이블을 놓기로 했다. 하지만 시중에 판매하는 테이블은 우리 집 거실에 두기엔 너무 크거나 용도에 비해 너무 작거나 터무니없이 비싸게 느껴졌다. 결국 우리는 집 근처 목공방에 맞춤가구 제작 의뢰를 해보기로 했다.

　눈이 오던 날, 우리는 지하에 위치한 개인 공방으로 들어서는 계단을 걷고 있었다. 눅눅한 나무 냄새와 발아래로 한 움큼씩 밟히는 톱밥가루를 응시하며 낯선 공방 문을 노크했다. 그때까지만 해도 노크 이후 우리에게 일어날 새로운 변화에 대해 짐작할 수 없었다. 아니 상상할 수 없었다는 표현이 더 맞겠다.

　삐걱대는 나무문을 열고 공방으로 들어섰다. 남편과 공방장이 대화를 나누는 동안, 나는 희뿌연 먼지가 부유하는 목공방 안을 걸어 다녔다. 날카로운 톱날이 솟아 있는 기계와 벽면 가득 줄지어 걸려 있는 날들과 낡은 수공구들이 보였다. 하나같이 거칠고 투박한 모습이었다. 그렇게 한참 공방 안을 관찰하다가 작업대 위에 놓인 목재 앞에 멈춰 섰다. 조심스럽게 톱밥을 쓸어내고 만져본 나무의 질감은 의외로 매끄러웠다. 멋스럽게 늘어져 있는 나뭇결무늬와 한쪽으로 푹 팬 옹이자국. 그렇게 한참 동안 작업대에 놓인 나무를 살펴보았다. 이 딱딱한 나무토막 하나가 순간 꽤 감성적으로 다가왔다. 나는 왠지 모를 편안한 기분을 느꼈다.

　공방을 나오며 남편은 말했다. "테이블 말이야, 우리가 직접 만들어보는 건 어떨까?" 남편의 호기심 가득한 눈빛에 나는 별 뜻 없이 "우리가 할 수 있을까?" 하며 웃었지만, 남편과 나는 얼마 지나지 않아 목공수업을 듣기 시작했다. 놀이를 통해 배움을 얻는 아이처럼, 가구 만들기는 그렇게 취미생활이라는 의미로 쉽게 시작되었다. 시간이 지날수록 우리는 시나리오를 쓰는 일보다 취미라고 생각한 가구 제작에 대한 이야기를 더 많이 하기 시작했다. 틈틈이 공구 사용법을 익히고, 목공 관련 기술서를 읽으며 서로의 의견을 주고받았다. 늦은 밤 아이를 재우고 나서 베란다에 꾸며놓은 작은 작업실에서 재단해온 목재를 다듬고 조립하는 시간을 보냈다. 손가락에는 크고 작은 상처가 늘어가고, 쌓이는 먼지와 톱밥 속에서 하루를 보내는 날이 늘어났다. 지금까지 인생에서 이보다 정직하게 땀 흘려 노력해본 적이 있었을까 싶을 정도로 목공에 빠져들기 시작했다. 놀라운 것은, 시나리오가 잘 써지지 않을 때 한눈팔기 좋은 취미 정도라 생각했던 가구 만들기가 어느새 우리의 일상에 깊이 들어와 있었다는 것과, 그 과정에서 겪는 시행착오나 고단함을 즐거움으로 느끼고 있는 우리의 모습을 목격하는 것이었다. 시나리오를 쓰던 노트북의 커서는 일 년째 같은 자리를 깜박거리고 있었고, 우리는 집에 필요한 가구들을 만들거나 가족과 친구들에게 주문을 받아 가구 만들기를 실습하며 일 년 반의 시간을 보냈다.

이듬해 겨울, 가구 만드는 일을 즐거워하고 있는 우리 스스로를 받아들이기로 했다. 가구를 만들면서 자연스럽게, 글이 아니라 나무로 표현하며 살아가는 것이 행복하다는 생각이 들었기 때문이다. 취미로 시작한 일이 진정 우리의 직업이 되던 날이었다. 뗏목을 타고 바다를 떠돌다 이제야 육지에 다다른 기분이 들었다. 이 책을 통해 우리가 한순간에 빠져들었던 가구 만드는 즐거움과, 그 속에서 얻게 된 가족의 소중함, 육아의 고마움, 그리고 아직 가야 할 길이 많은 초보 목수가 만드는 생활가구의 기능미를 이야기해보려 한다.

차례

1 시작하는 겨울

2 집 이야기

3 아이를 위한 가구

4 나무와 생활

5 나무로 만드는 놀이

7 작은 소품들

가구 제작기

시작하는 겨울

목공을 통해 무엇인가를 땀 흘려 만들어내는 과정을 경험하면서
비로소 겸손을 배워가는 것 같았다. 공방 바닥에 흩어져 있는 톱밥을 쓸며
문득, 이제야 수그러든 방황에 안도하며 내게 주어진 의무와 책임이
행복의 또 다른 이름이라는 걸 깨닫는다.

굿바이
베란다 작업실

원목가구를 만드는 일을 직업으로 선택한 우리는, 베란다 작업실을 벗어나 공방이 될 만한 자리를 얻으러 다니기 시작했다. 즐거워하는 일을 찾게 되어 몹시 행복했지만 현실적인 상황을 바라보면 참으로 불친절하게 찾아온 꿈이 아닐 수 없었다. 임대료가 저렴한 공간을 찾아다닌 끝에 재개발이 중단된 파주의 빈 창고를 빌릴 수 있었다. 쌓인 먼지와 폐기물을 걷어내는 것을 시작으로 공방 꾸미기가 진행되었다. 비가 새는 천장을 수리하고, 바닥을 고르고, 전기공사와 집진시설을 마치는 데 꼬박 한 달이 걸렸다.

주말이면 목공 기계를 구입하기 위해 지방을 돌며 중고 기계들을 찾아다녔다. 발품을 팔며 찾아낸 오래되고 방치된 기계들은 모두 조금씩 수리가 필요했고, 날을 바꾸고 기름칠을 하며 사용하기 좋도록 바꾸는 데는 부지런한 노력이 필요했다. 그렇게 고치고 다듬던 기계들을 설치하고 나니 애착이 생겨서 자꾸만 먼지를 털어내고 바라보며 흐뭇해했다. 모든 걸 우리 손으로 해내야 하는 상황에서 하루하루가 암벽등반이라도 하는 것처럼 고되게 느껴지는 준비 기간이었

+ 공방 창으로 보이는 풍경

+ 작업대

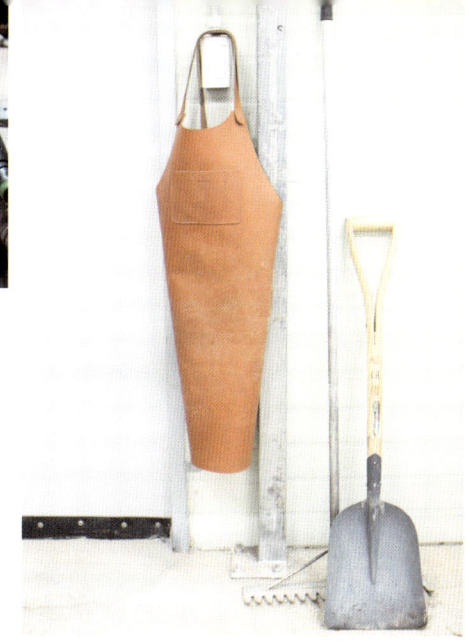

+ 몸으로 익힐 수밖에 없는 목공이라는
　쉽지 않은 작업

지만, 창밖에서 비쳐 들어오는 푸진 달빛처럼 우리의 소망이 잔잔하게 시작되는 순간이었으므로 행복했다.

　　영화 〈위트니스〉에 나오는 곡식창고같이 어두컴컴했던 창고는, 어느새 공방의 모습을 갖춰가기 시작했다. 톱밥난로를 설치하고 그 앞에 모여 앉아 불을 쬐고 고구마를 굽고 커피를 끓였다. 나는 인생을 등산 온 행락객처럼 아무 책임도 지지 않고 아무 흔적도 남기고 싶지 않다고 입버릇처럼 말해왔었다. 할 수만 있다

면 언제나 타인, 손님이 되고 싶은 오만함을 가지고 있었다. 하지만 목공을 통해
무엇인가를 땀 흘려 만들어내는 과정을 경험하면서, 비로소 겸손을 배워가는
것 같았다. 공방 바닥에 흩어져 있는 톱밥을 쓸며 문득, 이제야 수그러든 방황에
안도하며 내게 주어진 의무와 책임이 행복의 또 다른 이름이라는 걸 깨닫는다.

테이블
만들기

+   +

처음 가구를 만들게 된 동기였던 테이블은 지금까지 나와 남편이 가장 좋아하는 가구이다. 온라인을 통해 제작 주문을 받아서 가구를 만드는 우리는, 주문을 한 사람이 그것을 어떤 용도로 사용하고 싶어 하는지를 파악하는 것이 가장 중요했다. 물론 용도를 파악한다고 해서 디자인이 크게 달라지는 것은 아니다. 하지만 식탁으로 의뢰할 경우, 식사하는 사람의 앉은키를 고려하거나 사용할 의자의 크기를 미리 알아두어야 한다. 의자를 당겨 앉아도 무릎이 테이블 다리와 닿지 않도록 거리를 계산해서 제작하고 팔걸이 의자가 테이블 상판과 부딪히지 않도록 높이를 조절하여 제작한다.

테이블을 사용할 때 가장 시선이 오래 머무는 곳은 상판이다. 그렇기 때문에 상판을 집성할 때 원목의 무늬 결을 어떻게 조합할지가 중요하다. 그에 따라 상판의 디자인이 결정된다. 나무의 무늬들을 잘 선별해서 일정하게 배열하는 집성의 과정은 섬세한 창작의 작업이라 할 수 있는데, 조금만 실수를 해도 눈에 거슬리는 무늬가 될 수 있으므로 가능한 한 정목(柾目)을 사용한다.

+ 집성되어 상판목재로 활용될
물푸레나무와 참나무

집성은 원목을 일정한 크기로 재단하여 서로 이어 붙여서 넓은 판재로 가공하는 것을 말한다. 변형이 적고 두께가 일정하며, 나무 무늬를 맞출 수 있어 자유롭게 디자인하여 제작할 수 있다.

테이블 상판 집성이 완료되면 결이 곱도록 사포작업을 한다. 사포는 보통 연마입자의 크기가 거친 것부터 고운 것까지 등급 번호가 있는데 220번부터 1200번까지 번호를 늘려가며 처음에는 거친 등급의 사포로 연마하다가, 앞서 사용하던 사포의 긁힌 표시까지 지울 수 있는 고운 사포로 바꿔가며 마무리한다. 섬세히 사포질을 끝낸 목재는 아기 피부처럼 부드럽고 곱다.

몇 년을 사용해도 흔들림이 없는 테이블을 만들려면, 테이블의 상판 크기와 하부 다리의 조화가 필요하다. 상판의 길이와 무게를 감당할 수 있는 다리 두께와 하부목으로 만들어야 한다. 디자인을 위해 다리 두께를 너무 얇게 하거나 상판을 받치는 에이프런을 정교하게 설치하지 않으면, 나무의 수축팽창을 이기지못해 뒤틀리거나 흔들리게 된다. 그리고 테이블 프레임 결합은 나사를 최소화하

+ 서랍이 제작된 형태의 테이블
+ 테이블과 함께 사용하면 편리한 등받이가 없는 벤치
  좁은 공간에서 의자를 여러 개 두는 것보다 공간 활용
  에 좋으며 테이블 아래로 수납할 수 있어 효율적으로
  사용할 수 있다.
+ 벤치 아래에 수납이 가능하도록 선반을 추가하면TV
  장이나 소파 테이블로 활용할 수 있다.

여 순수 장부(목재에서 각각의 결합부에 만든 돌기) 결합으로 좀 더 튼튼한 구조를 만

드는 것이 중요하다.

　조립을 마치고 나면 마무리 오일 작업을 진행하는데, 친환경 도장은 정교한

작업이기 때문에 늘 어렵다. 천연오일은 상판에 코팅이 되는 마감재가 아니고 나

무의 수관을 통해 침투되기 때문에 여러 번의 덧칠과 건조를 통해 도막(film of

paint)을 올리는 시간이 필요하다. 오일을 얇게 바르고 건조시키고 다시 사포로

깎아내는 작업을 며칠에 걸쳐 반복하면 부드러운 질감의 테이블 상판이 완성된

+ 물푸레나무로 가장 처음 만들었던 테이블
우리는 이 테이블 앞에 앉아 밥을 먹고 차를
마시고 이야기를 나눈다.

다. 그렇게 완료된 상판과 하부 프레임의 결합을 마친 뒤 좌우 흔들림이나 조립 상태를 다시 한 번 검수하고 나면 테이블 제작이 끝난다.

　마지막 건조를 기다리며 그 곁에 서서 완성될 테이블 위에 놓일 그릇과 찻잔을 그려보기도 하고, 가족들이 테이블 앞에 모여 따뜻한 저녁시간을 보내는 상상을 하기도 한다. 몇 주에 거쳐 조립, 도장, 건조를 끝내고 태어난 가구를 바라보고 있으면 보람과 환희에 흐뭇하다.

선물 같은 텃밭

아침. 공방 앞 공터에 쌓여 있는 쓰레기들을 치워냈다. 한참 정리를 하고 나니 작은 텃밭이 비밀처럼 숨어 있었다. 오랫동안 경작하지 않던 밭이었지만 나는 크리스마스 선물이라도 받은 아이처럼 가슴이 뛰기 시작했다.

내게는 텃밭에 대한 특별한 추억이 있다. 어린 시절 외가에서 지내던 때가 있었다. '엄마가 데리러 올 때까지'라는 불투명한 약속을 기다리는 시간이었다. 덕분에 나는 누구보다 노인들의 지루한 일과에 대해 잘 알게 되었다. 한여름 뙤약볕처럼 무료한 노인들의 일상 위에 어린 내 호기심이 곱게 겹쳐져 있던, 딱히 기억할 것도 없지만 잊히지도 않는 유년의 시간이었다.

노인늘의 외보움은 어두운 밤보다 무료한 한낮에 너욱 깊었나. 점심을 믹다가 갑자기 숟가락을 거칠게 내려놓으며 치미는 화를 누르는 일, 맑고 하얀 탁주가 대접 안으로 콸콸 부어지고 구수한 탁주 냄새가 마루 가득 퍼지는 일, 과거 행복했던 일이나 뜻밖의 일들을 어제처럼 생생하게 늘어놓는 일, 마당에 말려놓은 홍고추가 햇살에 타닥타닥 타들어가는 걸 무연히 바라보며 담배를 태우는

+ 눈 덮인 밭

+ 언 땅 위에 서서 멀리서 들려오는 교회 종소리를 들었다.
봄이 되면 아이에게 파릇파릇 올라온 새싹을 보여주고 싶
어서 나는 서둘러 삽을 가지러 공방으로 뛰어갔다.

일. 어린 나는 할아버지의 담뱃재가 아슬아슬하게 담배 끝에 붙어 있는 모습을
보며, 그것이 언제 바닥으로 떨어져 허공으로 부서지나 침을 꼴깍이며 지켜보곤
했었다.

따뜻한 초여름 어느 오후, 나는 슬그머니 슬퍼졌다.

언제까지 할머니가 쥐어주는 동전으로 슈퍼에 가서 과자를 사먹는 정도의 기
쁨, 집 앞 공터에 쓰레기를 태우려 크게 불을 지피는 걸 구경하는 정도의 환희,
할머니 댁 뒤에 있던 절에 놀러가 꽃을 따고 잔디를 밟으며 느끼는 정도의 자유
에 만족하며 살아야 하는 그 견딜 수 없는 심심함 때문이었던 것 같다. 내가 마
당 한구석에 열심히 쌓아두었던 돌들을 모두 마당 밖으로 내던졌을 때, 할머니
는 나를 데리고 집 근처 텃밭으로 가셨다. 할머니 집에서 지내는 동안 나는 한

번도 텃밭에 따라 나가지 않았었다. 할아버지 할머니가 "밭에 약치고 올게"라고 말하며 대문을 나설 때도 나는 그 밭이라는 게, 이젠 나를 혼자 있게 만드는구나 하고 생각했던 것 같다.

　그날, 할머니를 따라 밭에 나온 때를 나는 잊을 수 없다. 낡고 키 작은 나무 울타리를 열고 마주한 서른 평 남짓한 할머니의 텃밭은 싱싱하고 푸르고 햇볕이 내리쬐어 따뜻했다. 나는 할머니가 허리를 구부려 고추도 따고, 상추나 오이를 수확해서 광주리에 담을 때마다 묘한 행복감을 느꼈었다. 할머니가 앉혀준 넓은 돌부리에 앉아 그림자놀이를 하며 저기 할머니 등 위로 쏟아지는 햇볕과, 내 뺨을 스치며 살랑대는 바람과, 할머니의 콧노래 소리와, 밭일 하다가 문득 나를 쳐다보며 "덥지 않니?"라고 물으며 싱긋 지어보인 미소가 참으로 어린 내 가슴에

+ 우리

위로가 되었다. 그리고 언제든 이렇게 떠올리기만 해도 훈훈하게 내 마음을 데워주는 것이다. 외롭고 지긋지긋했던 나의 유년시절이 물렁한 찰흙처럼 내게 아무런 상처가 되지 않는 이유를, 나는 할머니의 텃밭 때문이라고 생각한다. 그날의 위로가, 내가 사랑을 믿고 따뜻함을 믿고 햇볕을 믿고 살아가는 동력이 되었다고 믿고 있다.

　서른을 훌쩍 넘기고 공방 앞에서 우연히 마주한 비밀의 텃밭은, 어린 시절의 나를 기억하게 만드는 동시에 다시 활력을 점화하는 한 줌의 톱밥이었다.

작은 집의
작은 가구

작은 집에서 세 식구 살림을 빈틈없이 수납한다는 것은 거의 전쟁과 같다. 두 평 반의 아이 방에는 아이의 모든 물건을, 욕실 한 평 반 남짓 공간에는 모든 욕실 용품을 수납해야 했다. 안방에는 침구와 의류가 가득 수납된 장롱이 있었고 거실에는 2인용 소파가 있어서 거실이라는 이름을 달았을 뿐이지 주방의 연장이었다.

+ 화이트 주방 선반장 (가로 1600 × 높이 1400 × 폭 550)
  흰색 페인트로 도색하여 공간이 무거워 보이지 않도록 했다.

가구를 만드는 일을 하면서도 더 이상 가구를 들여놓을 공간이 없는 아이러니한 상황이었다. 나는 좁은 집안을 둘러보며 고민했다. 그리고 무조건 가구를 없애는 것이 아니라 우리 집에 어울리는 적절한 가구를 만드는 것이 좋겠다는 생각이 들었다.

먼저 베란다와 좁지만 반듯한 모양의 거실을 수납공간으로 활용해보기로 했다. 베란다에는 세탁기와 생필품들을 수납할 수 있도록 장을 짜놓았고, 거실에 놓을 TV장이나 선반장은 사이즈를 조금씩 늘려 용도 이외에 다른 물건들도 수납이 가능하도록 하였다. 그리고 테이블 공간에서 자리를 많이 차지하던 팔걸이 의자 대신 등받이 없는 벤치의자를 만들어 사용하지 않을 때는 테이블 아래에 집어넣어 공간을 효율적으로 썼다. 의자만 바꾸었을 뿐인데 동선이 넓어지고 확실히 이동이 편해졌다.

+ 칸을 넓게 만들었더니 주방기기나 큰
  냄비까지 모두 수납이 가능하다.

+ 아이 방 수납장으로 사용해도 좋다.

+ 모서리 수납장

커다란 가구를 둘 수 없는 공간이라면 모
서리 공간을 활용한 삼각장이 효율적이
다. 자리도 적게 차지할뿐더러 모서리에
맞춤으로 들어가 공간을 더욱 넓게 느껴
지게 한다. 자리를 많이 차지하는 유리병
이나 주방 패브릭을 수납하면 편리하고,
위쪽 수납장에는 카메라나 소품을 올려
두어 인테리어 효과를 줄 수 있다.

⋯→ 만드는 과정 153쪽

+ 물푸레나무 TV장

(가로 1400 × 세로 400 × 높이 600)

물푸레나무 원목으로 제작하여 무거운 텔레
비전을 올려두어도 흔들림 없이 안전하다.
소파에 앉았을 때 가장 편하게 화면을 볼 수
있는 높이로 맞춤 디자인하였다. 중앙 칸은
DVD플레이어나 셋톱박스 등을 수납할 수
있도록 했고, 두 개의 큰 수납장에는 책이나
DVD 등을 자유롭게 수납할 수 있도록 칸막이
없이 만들었다.

복도로 뚫린 방범창을 가로막고 주방 서브장을 놓았다. 창을 가리게 되어 고민스러웠으나 막상 주방용품을 마음껏 수납하도록 큼지막하게 장을 만들어놓으니 내부공간에 시선이 더욱 집중되어 아늑한 느낌이 들었다.

크기가 큰 수납장일수록 밝은 색상이나 흰색으로 하면 무거운 느낌이 적어 훨씬 공간이 넓어 보였다. 채광을 위해 수납장 뒷면이 뚫려 있는 오픈형으로 제작하였다. 모든 침대와 책장 맨 아래 칸은 공간박스를 넣어 수납을 늘렸고, 책장은 가지고 있는 책의 키를 재어 칸칸 높이를 맞춤 제작함으로써 불필요한 책장 공간을 최대한 줄였다. 작은 집일수록 가구를 줄일 것이 아니라 각각의 공간에 맞게 적절한 기능을 해내는 가구가 더 필요하다는 사실을 깨닫게 되었다.

가구를 제작하는 목수라면 현재 사람들이 선호하는 가구의 트렌드를 읽는 것
도 중요한 일이지만, 무엇보다 제작 과정에서 변하지 않는 철학을 갖추는 것도
중요한 일이다.

우리는 다음과 같은 원칙을 정했다. 가구 재료로 사용할 목재의 수준을 정해
서 그 이하 재료는 사용하지 않는 것, 가구 제작 과정에서 조금 오래 걸리더라도
나사 조립을 최소화하고 우리가 선택한 결합방식을 지켜내는 것, 친환경 마감재
를 사용하는 것, 우리가 손수 만든 가구는 직접 운송해서 설치까지 마치는 것을
원칙으로 세웠다. 저렴하고 예쁜 가구들이 쉽고 간단하게 조립되어 택배로 판매
되는 현실에 비추어볼 때, 꽤 고루한 방식으로 느껴질지 모른다. 하지만 원목가
구를 만드는 과정 자체가 시간과 노력이 필수인 아날로그 방식이기 때문에, 그
것은 자연스러운 선택이었다. 아이에게 안전하고 튼튼한 가구를 만들어주고 싶
었던 마음을 잊지 않는 것을 가구 철학으로 삼는다면 좀 더 안전을 고려한 디자
인, 자연친화적인 마감재를 선택하게 된다. 원목가구를 집에 들여놓는다는 것은

그만큼 자연과 친밀해지고 싶다는 욕구가 반영된 것이므로 나무의 자연스러움을 이해하고, 건강한 방식으로 만드는 것을 선택하게 된다.

공방을 시작한 후 공식적으로 첫 번째 주문이었던 2인용 이층침대는 목재를 고르는 데만 일주일이 걸렸고, 어떤 결합방식이 튼튼할 것인지 논의하고 설계도를 그리는 데 일주일이 더 걸렸다. 모든 가구를 이런 과정으로 설계하고 만들어야 한다고 믿었던 우리는 과연 둘이서 한 달 동안 몇 개의 가구를 만들 수 있을지를 고민하기도 하였다. 물론 시간이 지나면서 우리의 설계 과정은 좀 더 간소화되고 의견차도 많이 줄어들어 주문이 들어온 가구에 대한 디자인이나 설계도는 하루 정도면 충분해졌다.

이층침대라는 것은 같은 공간에서 두 아이가 각자의 공간을 갖는 것을 의미하기도 한다. 각자의 침대에서 잠들고 또 서로의 공간을 넘나들며 노는 가구. 단순한 침대가 아니라 책을 읽고 잠들고 장난감을 수납하기도 하는 다목적 가구

+ 2인용 이층침대
 (가로 3000 × 세로 1100 × 높이 1300)
 ···› 설계도 159쪽

+ 위층은 다락방처럼
 디자인하고 작은 창도 내었다.

+ 책장은 분리형으로 제작하여 이
 동이 용이하고 잠들기 전에 동화
 책을 읽는 아이에게 편리한 구조
 라 할 수 있다.

어야 했다. 재료목은 삼나무, 물푸레나무, 편백나무를 고루 사용해서 나무의 강도에 따라 적절히 배열하기로 했다. 책장과 작은 다락을 넣어 아이들의 놀이공간을 확보하고 침대는 작은 통나무집을 떠올리며 디자인하였다. 어떤 구조가 가장 안전한 것인지 알기 위해 우리는 주변 놀이터들을 탐방하며 구조를 고민했다. 그런 다음, 구조목을 선택하고 조립의 순서를 정하고 목재를 다듬었다. 우리의 생각이 조금씩 가구에 반영되고 있다는 사실이 즐거웠다.

그렇게 완성된 침대를 설치하러 갔던 날, 마침 생일파티가 한창 진행되고 있었다. 설치를 마치고, 아이들의 환호를 받으며 공개된 이층침대는 이내 아이들의 신나는 놀이터가 되었다. 그 모습을 보니 몹시 뿌듯했다. 가구 만드는 일이 우연히 알게 된 세계가 아니라 내가 오랫동안 기다려 온 세계가 아닐까 생각했다.

나뭇가지 사용법

튼튼한 나뭇가지를 골라 잔가지를 잘라내고 곱게 사포질을 한다. 매끈해진 나뭇가지 위에 오일 마감재를 발라 윤기를 준다. 길이에 따라 커튼 봉이나 옷걸이, 모빌 등으로 활용할 수 있다.

♥ 나뭇가지 걸이

⋯ 바구니나 원단 등을 걸어두면 내추럴한 느낌이 나 멋스럽다.

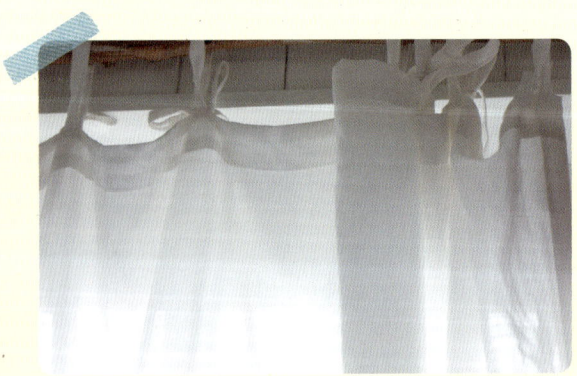

♥ 나뭇가지로 꾸민 커튼 봉

⋯ 나뭇가지 아래 묶인 하얀 커튼과 창으로 들어오는 바람이 고와서 한참을 바라
　　보게 된다.

💚 나뭇가지 모빌 만들기

··· 나뭇가지, 솔방울, 흙으로 구워 만든 점토, 낚싯줄을 준비
한다.

··· 수평을 이루도록 무게에 따라 배열하고, 낚싯줄을 이용해
서 묶는다.

💚 완성된 모빌

··· 창가에 매달아놓으면 바람에 살랑이며
자연스러운 분위기를 이룬다.

집이야기

저녁이면 언제든 돌아가 쉬고 싶은
작지만 아늑한 우리의 집

따뜻한 주방을
꿈꾸다

나는 가끔 영화 〈줄리 앤 줄리아〉를 다시 본다. 줄리아 차일드라는 배역을 멋있게 해내는 메릴 스트립의 유쾌한 연기를 보기 위해서, 그리고 요리 일기를 블로그에 연재하는 줄리라는 캐릭터를 통해 가구를 제작하고 완료된 가구를 블로그에 소개하며 소통하는 나의 모습을 투영해보기도 한다. 하지만 무엇보다 흥미로운 것은 영화 속에 등장하는 그들만의 작은 주방을 구경하는 일이었다. 영화 속 그들의 주방은 꿈을 키우고 좌절과 환희를 맛보게 하는 공간이었다. 영화를 볼 때마다 나도 그런 주방을 갖고 싶었다.

우리가 사는 아파트는 현관에 들어서자마자 주방이 노출되었다. 벽면을 가득 채운 주방 상부장이 입구에서 가장 먼저 눈에 띄는 구조였기 때문에 집에 들어서면 비좁고 답답한 느낌이 들곤 하였다. 또 부피 큰 냉장고가 현관 입구까지 침범하고 있어서 실내가 어두웠다. 그렇다고 수납장을 포기하면 부엌살림들을 수납할 공간이 없어져 좀처럼 쉽게 손을 댈 수도 없었고 커다란 냉장고를 옮길 공간도 마땅치 않았다. 내가 꿈꾸는 주방은 깔끔하게 정리된 시스템 주방이 아니

었다. 원목으로 만들어진 싱크대와 따뜻한 식탁 조명이 비추는 풍경이면 충분했다. 몇 주 동안 고심한 끝에 나는 주방 공사를 시작해보기로 마음먹었다. 영화속 그녀들처럼 이 작은 아파트 안에서도 나만의 주방을 갖겠노라고.

공사를 하기에 앞서 주방에 쌓인 많은 주방용품들을 어떻게 수납할 것인지 고민해야 했다. 자주 사용하는 그릇과 그렇지 않은 그릇을 분류하고, 욕심으로 모았으나 사용하지 않았던 집기들을 아쉽지만 처분하기 시작했다. 작은 집에서는 짐을 줄이고 최대한 필요한 물건만 소유하는 것이, 가장 중요한 공간 활용법이었다. 비슷비슷한 유리잔과 그릇들은 필요한 것만 남기고 나머지는 재활용가게에 내놓았다. 그렇게 했더니 부엌살림이 거의 반으로 줄어들었다.

드디어 상부장을 철거하는 날. 마치 거대한 돌덩이를 걷어내는 것처럼 속이 다 시원해져서 혼자 만세를 불렀다.

상부장이 있던 벽면은 핸디코트로 평평하게 고르는 작업이 필요했다. 하얗게 페인트칠을 하고 조리공간까지는 타일을 붙여 마무리한 후, 부담스럽지 않도록

+ 공사 후 주방 모습

+ 키친 패브릭

작은 선반을 달았다. 자주 사용하는 요리도구는 선반 밑에 매달아 손쉽게 쓸 수 있도록 했고, 관리가 어렵다는 남편의 만류에도 고집을 부려 도기 싱크볼을 선택했다. 원목 상판에는 하얀 도기 볼이 가장 잘 어울렸기 때문이다. 상판으로 사용할 목재는 튼튼하고 색감이 예쁜 물푸레나무로 선택하고 싱크볼 크기에 맞춰 재단한 후에 설치했다. 나무는 특히 물에 약하기 때문에 방수작업이 필수였다. 실리콘으로 가장자리를 마감하고 물에 강한 요트바니시로 다시 마감했다. 목재 상판의 경우 사용하고 나서 물기를 닦아 늘 건조하게 관리해야 한다.

하부장은 소나무로 짜고 서랍도 세 칸 넣고 내가 쓰기에 편리한 구조로 내부 칸막이를 맞춤 제작하였다. 그리고 전체적으로 크림색 페인트로 마감하여 작은

+ 좁은 주방 한쪽에 설치한 그릇장

+ 접시와 유리잔은 필요한 수량만
  남겨두고 사용한다.

+ 나눔 접시를 사용하면 찬기가 많
  이 필요하지 않아 수납에 도움이
  되며, 설거지 또한 많지 않아서
  편리하다.

+ 삼나무로 만든
　 레인지후드

주방에서 싱크대가 너무 도드라져 보이지 않도록 했다. 냉장고는 베란다로 옮겨 주방공간을 넓히고 냉장고 위로 수납장을 만들어 공간을 만들었다. 전보다 수납공간이 부족해졌지만, 이 기회에 사용하지도 않으면서 쌓아두었던 것들을 버리고 좀 더 간소한 부엌살림으로 바꿀 수 있었다. 주방과 현관 중간쯤 설치된 어두운 천장 등을 떼어내고 레일 등을 달아서 전등을 편한 각도로 돌려 사용하도록 바꾸었다. 집이 훨씬 밝아진 느낌이었다.

　상부장과 일체형이던 레인지후드 자리에는 가벼운 삼나무로 제작한 수납장을 달았다. 그리고 수납장 아래로 레인지후드를 조립해 설치하고 위의 공간은 수납공간으로 만들었다. 가볍지만 부피가 큰 베이킹 소모품이나 플라스틱 반찬통 같은 걸 수납하도록 공간을 비워두었고 on/off 버튼은 별도로 하여 편리하게

+ 심야요리

+ 점심식사

사용할 수 있었다. 하부장과 같은 페인트 마감을 하고 문짝을 달아 전체적으로 동일한 느낌을 연출하였다.

　주방이 완성된 날 밤, 가족이 모두 잠든 늦은 시간에 주방으로 나와서 요리를 하기 시작했다. 〈줄리 앤 줄리아〉의 인물들처럼, 〈카모메 식당〉의 안주인처럼 내일 아침 내어놓을 국을 끓이고 반찬을 만들기 시작했다. 내게도 늘 머물고 싶은 주방이 생긴 것이다.

나무도마와
나이프 꽂이

나무도마 위에 토마토 하나를 올려두고 단단한 칼로 쓱쓱 잘라 요리하는 즐거움을 알고부터 나는 가구를 만들다가 남은 자투리 목재를 그냥 두지 않는다. 자투리 목재를 다시 선별해서 도마용으로 알맞다고 판단되면 바로 목재 위에 만들고 싶은 도마 모양을 스케치한다. 스케치대로 목재를 재단하고 사포로 곱게 다듬고 나면 또 하나의 새로운 도마가 탄생한다. 사용이 편리하고 관리가 쉽다는

+ 바게트나 대파를 자를 때 사용하는 긴 단풍나무 도마

+ 케이크나 치즈를 자르는 데 사용하는 호두나무 도마

+ 원목 나이프꽂이

+ 조리대 도마
  갑자기 많은 손님이 와서 재료 준비가 많을 때나, 배추나 무김치를 담글 때 넓게 펼쳐놓고 할 수 있어서 편리하다. 좁은 싱크대에서 가장 많은 자리를 차지하는 싱크볼 위에 맞춤 도마를 두니 넓은 조리공간이 생겨났다. 작은 주방을 가졌다면, 원목도마를 맞춤 제작해서 조리공간을 넓혀보는 것도 좋다.

+ 나무도마를 사용하면 칼질로 생겨난 상처가 눈에 띄게 되는데, 오히려 그 자국이 오랜 시간을 함께한 듯 정겨움을 주는 것 같다. 나무도마 위에서 마늘을 찧거나 채를 썰 때 들리는 신선한 마찰음은 어린 시절 주방에서 가족을 위해 요리를 하던 엄마를 생각하게 한다. 나는 그때의 엄마처럼 곱게 썬 식재료들을 팬 위에 올려 볶거나 끓는 물에 넣어 국을 끓인다.

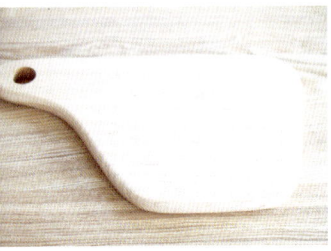  

+ 우측이 넓은 오른손 도마
  재료를 자르고 나서 습관적으로 오른쪽으로 재료를 모아놓게 되는데, 늘 오른쪽 공간이 협소해서 도마 밖으로 음식물이 튀어나가는 점을 보완해서 만들었다.

+ 단단해서 사용하기 좋은 과일용 단풍나무 도마

+ 비좁은 주방을 보완해주는 싱크볼 도마
  싱크볼 맞춤으로 제작하여 생선을 손질하거나 야채를 다듬을 때, 버리는 재료는 싱크볼 아래로 바로 쏟아낼 수 있어서 편리하다.

다른 소재의 도마보다도 나무도마를 고집하는 이유는, 목재로 된 도마를 사용할 때만 느낄 수 있는 편안함이 좋기 때문이다. 또한 다른 가구에 비해 만들기가 쉽고, 제작 시간이 짧아 그만큼 완성의 기쁨도 빨리 맛볼 수 있다. 도마는 만들고 나서 곧바로 주방에서 사용해볼 수 있어서 더욱 애착이 가게 된다. 이렇게 도마를 만들다 보니, 식재료의 종류나 크기에 따라 각기 다른 도마를 사용하게 된다.

선반으로
채우는 공간

\+   \+

내게는 선반 하면 떠오르는 공간이 있다.

이십 대 초반, 인사동의 작은 미술관에서 아르바이트를 했었다. 작은 전시관 하나와 작가들이 만든 그릇이나 소품들을 위탁판매 하는 숍이 함께 있는 소규모 전시장이었다. 그곳에는 세 평 정도 되는 작은 다락이 있었는데 굳이 말하자면 그 다락이 사무실인 셈이었다. 전시가 없거나 여행객들이 뜸한 평일 낮 시간, 나는 다락에 올라가 전시 정보를 잡지사로 팩스를 보내거나, 전시를 앞둔 작가에게 전화를 걸어 액자의 유형이나 전시품의 크기와 개수를 확인하는 일을 했다. 그리고 시간이 남으면 지나간 도록을 구경하거나 먼지가 쌓인 예쁜 도예작품들을 말끔히 닦아놓기도 했다.

오랫동안 팔리지 않은 작가의 그림이나 도예작품들이 구석자리에 쌓여 있었고 같은 공간에 책상, 컴퓨터, 팩스가 놓여 있었으며 그림서적도 꽂혀 있었다. 이 작은 공간에 이렇게 많은 물건들이 잘 정리되어 보존되는 이유는 무엇 때문일까 생각해보니 적절하게 설치된 선반 때문이었다. 수납가구라고는 철제서랍 하나

+ 액자형 선반
　　나무 선반 안에 양념통이나 잼 등 작은 소스병 등을 올려둘 수
　　있어서 편리하고 빈 벽면에 액자를 걸어놓은 듯 산뜻하다.

+ 창문 위에 올려둔 선반

+ 심심한 유리창 위에 선반을 부착하여 작은 소품을 올려두
면 좀 더 아늑한 공간이 연출된다.

였고 나머지는 모두 선반으로만 구성된 공간이었다. 벽면 가득 메운 여섯 칸의 선반에는 전시도록과 미술잡지가 꽂혀 있고 연도마다 작은 견출지가 붙어 있어 언제든 수년 전 기록을 찾을 수 있도록 정리되어 있었다. 정리라는 것이 그저 수납을 위해 하는 것이 아니라 물건의 위치를 알아야 하고 열람이 편리해야 한다는 걸 깨달았다. 도예작품이 정리된 선반과 그림이 세워진 공간, 그리고 길고 두꺼운 선반을 설치하여 만든 책상까지. 모두 적절하게 놓여 있어 좁은 공간 안에서도 충분한 동선을 누릴 수 있었다.

작은 창을 열면 인사동을 오가는 많은 사람들이 보이고 비오는 날은 그 작은 창문 앞으로 화분을 내어놓기도 했다. 그때부터 나는 홀로 살던 작은 자취방에

+ 주방 서브 선반
주방 옆면에 설치해서 자주 쓰는 그릇이나 주방기기를 수
납할 수 있다. 선반 아래 철제 바구니를 부착하면 주방에서
잘 쓰는 패브릭이나 행주 등을 보관할 수 있어 편리하다.

도, 결혼 후 지금의 공간에도 늘 선반을 설치한다. 동선을 방해하지 않으면서도
적절한 공간에 선반이 놓이기를 늘 고심하면서. 그리고 그 선반 위에 올려둘 물
건들을 선택하는 일은 언제나 나를 설레게 한다. 작고 특별한 무대 위를 꾸미는
것처럼.

창이 있는
방문

+   +

작은 거실에 앉아 꼭 닫아놓은 방문을 보면 답답한 벽처럼 느껴지기도 한다. 방
두 칸과 욕실 문까지 꼭꼭 닫아놓고 지내는 겨울이면 실내공간이 더욱 좁아 보
였다. 특히 빛이 많이 들어오는 안방 문을 닫아놓으면 채광이 적은 주방이나 아
이 방은 조명을 켜야 할 정도로 어두웠다.

+ 창을 낸 방문이
   작은 창처럼 느껴진다.

+ 안방 문의 손잡이는 아이가 쉽게 열 수 있도록
  가구용 손잡이를 달았다.

닫혀 있어도 열려 있는 효과를 낼 순 없을까?

고민 끝에 방문을 닫아두어도 빛이 투과되도록 문에 창을 뚫으면 되겠다는 생각이 들었다. 창을 넓게 뚫어 욕실 입구까지 빛이 들어오면 구석진 공간이 살아날 것 같았다. 우리는 낡은 안방 문과 내부 창이 없는 욕실 문에 작은 창을 내기로 했다. 그렇게 하면 실내가 한결 밝고 가벼워 보일 것 같았다.

욕실 문은 위쪽으로 작은 유리창을 넣기로 했다. 목재는 경첩이 견딜 수 있도록 가벼운 소나무 합판으로 선택했다. 기본 틀을 세우고 창으로 남겨둘 부분을 재단해내고 문짝의 앞뒷면에는 합판을 부착했다. 반투명 유리를 매입하고 가장자리는 액자처럼 목재로 덧대어 안전하게 마무리했다. 마지막으로 화이트 페인트로 칠하여 밝고 깨끗한 느낌을 연출하였다. 빛이 고루 퍼지니 공간이 좀 더 넓게 보였고 따뜻했다. 저녁이면 반투명 유리창으로 새어 나오는 불빛이 은은하게 거실에 맴돌았다.

작지만
편리한 욕실

＋   ＋

오래된 일체식 단위 형식의 UBR 욕실을 공사하기로 했다. 바닥이 미끄러워 아이
와 함께 쓰기에는 너무 위험해 보였기 때문이다. 환풍기를 켜면 일체형 욕실 자체
가 윙 하고 소리 내며 당장이라도 이륙할 비행기처럼 흔들려서 환풍기 켜기가 두
려울 지경이었다.

　　UBR 욕실은 욕실 전체가 하나의 플라스틱 통처럼 일체형으로, 욕실 자체가
하나의 방수기능을 하고 있기 때문에, 어느 한 부분만 보수하기 힘든 구조였다.
세면대 배수관이 욕조 벽면에 부착되어 있었으며 세면대와 변기는 일체형으로

+ 흰색 타일 위에 원목 거울과 휴지걸이, 수건장 등을 설치했다. 흰색과 자연스러운 나무의 조화가 좋다.

+ 스테인리스로 된 집게걸이로 목욕타월들을 정리해두면 편리하게 사용할 수 있다. 집게걸이 그대로 베란다로 옮겨 건조시키기도 좋다.

되어 있었다. 배관구조가 거미줄처럼 서로 얽혀 있었다. 그렇기 때문에 전체적으로 모두 철거하는 방법밖에 없었다. 철거하고 나서는 방수부터 배관까지 모두 다시 해내야 하는 큰 공사였다.

남편과 나는 철거와 배관공사는 업체에 맡기고 나머지 방수 작업과 타일 시

+ 욕실 문에 부착한 철제 벽걸이와 수납 바구니
  화장실에 앉아서 잠깐씩 펼쳐보는 잡지를 문
  에 수납하여, 손쉽게 꺼내볼 수 있게끔 하였
  다. 상단에 부착해놓은 혹은 샤워할 때 옷을
  걸어두기 편리하다.

공, 천장 공사 및 도기 설치는 우리가 직접 해보기로 했다. 벽 판넬과 욕실 문까지 일체형으로 되어 있어 벽을 철거했더니 욕실의 문틀과 문짝은 사용할 수가 없었다. 모두 다시 제작해야 했다. 급한 대로 문틀을 짜놓고 벽 작업을 진행했다. 미리 전선도 빼내어 비데 위치에 콘센트도 만들었다. 을지로에 있는 욕실용품 가게에서 타일, 도기, 수전까지 직접 구매하고 욕실에 설치할 거울이나 수건 등을 넣을 수납장은 나무로 직접 만들기로 했다. 도기와 흰색 타일로 톤을 맞추고 원목으로 제작한 물푸레나무 선반과 거울, 습도에 강한 편백나무 수납장을 설치했다.

욕조에서 목욕하는 것을 좋아하는 딸아이를 위해 이동식 욕조까지 넣었는데도 공간은 충분했다. 매일 눈뜨면 가장 먼저 들어가는 장소인 욕실은 쾌적하고 편리한 공간이 되어야 했으며, 무엇보다 편안한 공간이 되었으면 했다.

데코 가구

화이트 가구는 작은 집 어디에 두어도 인테리어에 크게 실패하지 않는다. 실내를 환하게 해주고 무게감이 많이 느껴지지 않기 때문이다.

💚 거치형 책장

⋯ 가로 340 × 세로 1500
⋯ 주방 한쪽에 요리책을 넣어 세워두거나 아이 방에 자주 보는 그림책이나 잡지 등을 수납하면 좋다. 1단에 3권씩 총 12권 정도 수납이 가능하다. 소나무 원목 프레임에 화이트 철제 봉을 설치해서 심플하고 빈티지한 분위기를 연출할 수 있다.

💚 소나무 벤치

⋯ 가로 1200 × 세로 600
⋯ 화초를 가꾸는 베란다에 두고 사용해도 좋고 현관 입구에 두고 앉아서 장화를 신거나 구두를 신을 때 사용해도 편리하다.

3

아이를 위한 가구

아이가 크면서 딸랑이나 치발기 정도의 작은 장난감에서
레고나 자동차 모형, 인형 등으로 바뀌게 되고,
형형색색의 그림책이 책장을 메우기 시작했다.

아이를 위한
수납장

+   +

아이가 태어나 하나둘씩 생겨나던 장난감이 첫돌을 지나는 순간부터 갑자기 몇 배로 늘어나기 시작했다. 아이의 세계는 어느새 촉감이나 반응의 수준을 넘어 놀이를 통한 경험으로 확장되고 있는 것 같았다. 딸랑이나 치발기 정도의 작은 장난감에서 레고나 자동차 모형, 인형 등으로 바뀌게 되고, 형형색색의 그림책이 책장을 메우기 시작했다.

우선 크기도 모양도 제각각인 장난감을 어떻게 하면 잘 정리하고, 아이가 손 쉽게 사용할 수 있을지 생각해보았다. 책과 장난감을 함께 수납하면서 아이가 편리하게 꺼내고 스스로 정리할 수 있는 쉽고 단순한 디자인이 되면 좋겠다는 생각이 들었다. 총 4단 높이로 아래 두 단은 장난감, 나머지 공간은 동화책을 수납하도록 만들었다.

가벼운 삼나무로 수납 바구니를 수납장 크기에 딱 맞춰 제작하여 장난감 블럭이나 인형들을 수납하고 아이가 혼자 옮길 수 있도록 양옆으로 손잡이를 뚫어주었다. 수납장 맨 위 칸에는 자잘한 모형이나 키 작은 책들을 꽂을 수 있도록

+   아이 방 수납장 (가로 1600 × 세로 450 × 높이 1400)
    소나무 + 삼나무로 제작하여 밀크 페인트로 마감하였다. ⋯▸ 만드는 과정 155쪽

+   아이가 들고 옮길 수 있도록 가벼운 삼나무로 원목 바구니를 만들었다.

높이를 줄여 제작하였다. 원목가구를 구입하거나 제작할 때, 아이에게 있는 장난감이나 책의 크기를 미리 메모해서 맞춤 제작하면 가구가 너무 비대해지거나 또는 쓰임새보다 작게 제작되는 것을 막을 수 있다.

소나무 원목 위에 흰색 페인트로 마감하여 유아적이고 깨끗한 느낌의 수납장으로 완성했다. 수납장 덕분에 장난감들의 지정석이 생긴 셈이다. 책과 장난감의 위치를 한눈에 볼 수 있어서 활용 면에서도 좋고 아이 스스로 정리정돈을 할 수 있게 되었다.

장난감보다 물건이 쉽게 늘어나고 매일 정리해주어야 하는 것이 있다면 아이의 옷장이다. 내복 몇 벌과 외출용 바디슈트 몇 벌이면 충분했던 아기가 걷기 시

+ 흰색 가구에 원목 손잡이로 포인트를 주었더니 심플하고 귀엽다. 가구 위 공간은 인형이나 장난감을 놓아두어도 좋다.

+ 서랍장이 깊어 옷을 많이 수납할 수 있으며 아홉 칸으로 분류하여 종류별로 넣을 수 있어 편리하다.

작하면서 스타킹과 치마, 카디건, 외투 등 아이의 옷도 점점 다양해졌다.

특히 여자아이의 옷이라 더욱 그랬다. 아이 옷은 어른들의 옷처럼 행거에 걸어 보관하는 옷이 적기 때문에 서랍이 많이 필요하다. 좁고 긴 모양의 아이 방에 맞춰 가로 폭이 좁은 서랍장을 만들어야 했다. 서랍장이 들어갈 공간을 측정했다. 공간을 계산할 때에는 서랍을 최대한 열었을 때를 삼안하여 측정하는 것이 중요하다. 아이가 서랍을 여닫는 데 불편함이 없어야 하기 때문이다.

아이 옷의 종류와 크기를 구분해서 정리할 수 있도록 아홉 칸짜리 정사각형 서랍장을 제작하기로 했다. 가로로 넓은 서랍장이면 사용하기가 더 편리하겠지만, 방의 크기가 작았고 가로로 긴 서랍장은 공간을 더 협소해 보이게 하므로 아홉 칸의 정사각형 서랍장으로 디자인했다.

목재의 경우 프레임은 소나무로 서랍은 삼나무로 선택했다. 삼나무는 피톤치드가 많이 생성되는 만큼 항균작용을 해주고 벌레가 생기지 않으며 습도 조절이 되기 때문에 의류를 수납하는 서랍재로 좋은 목재이다. 또한 목재 자체가 가볍기 때문에 옷을 수납해도 서랍이 너무 무겁지 않아 사용감이 좋다.

전체적으로 흰색으로 도색한 후 소나무를 깎아 만든 작은 손잡이를 포인트로 달아 심플하고 귀여운 느낌이 들도록 했다. 서랍장마다 종류별로 수납해두니 옷을 정리하고 찾기에 편리했다.

그림 그리고 싶은
유아 테이블

며칠 감기로 누워 있는 내게 아이는 자신의 심심한 마음을 그림으로 그려 건네고 간다. 다섯 살이 되면서 혼자 골몰하는 시간이 많아지고, 그림 그리는 시간이 늘었다. 사물을 응시하는 눈빛이 깊어진 것 같기도 하고 좋아하는 동화책은 몇 번이나 반복해서 보는 애착도 생기는 것 같았다. 아이가 스케치북에 그려둔 그림들은 어느새 자신만이 아는 이야기로 가득 차 있다.

+ 유아 테이블
+ 아이 가구를 제작할 때 사용하는 마감재 친환경 스테인과 천연오일

　　아이가 쉽게 머무르며 그림을 그리고 놀이도 할 수 있는 테이블이 필요해 보였다. 외출하고 돌아와 언제든 그 앞에 앉아 한숨을 돌리는 그런 편안하고 익숙한 가구를 만들어주고 싶었다. 아이 테이블을 만들기에 앞서 나는 어떤 테이블에 기대어 유년을 보냈나 떠올려보았다.

　　어릴 적 우리 집에 있던 접이식 원형 밥상이 생각났다. 당시만 해도 어느 집에서나 흔히 볼 수 있었던 검은색 상판에 가운데는 자개로 새와 꽃무늬가 화려하게 장식되어 있는 상이었다. 나는 그 테이블 앞에 앉아 밥을 먹기도 하고, 이야기를 나누기도 하고, 숙제를 하기도 했다. 우리 가족의 생활은 그 테이블을 중심으로 시계처럼 돌아가는 것 같았다. 엄마가 준비해둔 간식을 둘러앉아 함께 먹었던 그 일상적인 기억을 추억하며 아이에게 원탁을 선물해주기로 했다. 모서리가 없으니 어느 공간에 옮겨 두어도 부딪히거나 부담스럽지 않을 것 같았다. 물푸레

나무 원목을 집성하여 상판의 나뭇결을 최대한 살리고, 하부 구조도 튼튼하게 조립하였다. 가끔 셋이 모여 앉아 티 테이블로도 사용할 수 있도록 높이는 250밀리미터로 낮게 제작하였다.

아이는 테이블을 선물로 받은 때부터 지금까지 테이블 앞에 앉아 간식을 먹기도 하고, 책을 읽고 그림을 그린다. 그럴 때면 나는 과거에 엄마가 그랬듯이 간식을 만들어 테이블 위에 놓아둔다. 원탁에 앉아 그림 그리는 아이를 바라보고 있으니 문득 우리는 자신이 사용하는 가구에 기대어 인생을 살아간다는 생각이 들었다. 가구가 낡아지는 만큼 아이는 자라날 것이다.

아이의
첫 번째 침대

아이는 자라면서 모든 걸 스스로 하고 싶어 하는 것 같았다. 그것은 분명 성장인데도, 내 마음 깊은 곳에서는 그걸 서운해하고 언제까지 아기로만 느끼고 싶은 마음이 있었다. 그런 묘한 감정을 아이에 대한 걱정이라는 이유로 슬그머니 덮어버릴 때도 있었다. 그러나 이내 사랑은 걱정이 아니라 물러서서 믿어주는 것이라고 스스로를 설득한다. 아이의 성장에 가장 큰 방해물이 되지 않도록 엄마인 나도 고속 성장해야 한다는 걸 깨닫는다.

아이는 다섯 살이 되면서 이제 자기 방에서 혼자 잠을 자는 것도 가능해 보였고 분리를 시작해도 좋은 것 같았다. 지금 아이에게 가장 좋은 선물은 자기만의 침대라는 생각이 들었다. 어떤 침구와도 잘 어울리며, 아이가 오래 사용해도 싫증나지 않도록 심플하게 만드는 것이 좋겠다는 생각이 들었다.

튼튼한 하드우드인 물푸레나무로 외형 틀을 만들고, 내부 목재로는 습도 조절에 좋은 삼나무와 편백나무를 사용하기로 했다. 침대는 탈착형 침대철물로 튼튼하게 조립하였다. 조금만 오차가 생겨도 사용하는 동안 휨이 발생해서 삐걱거

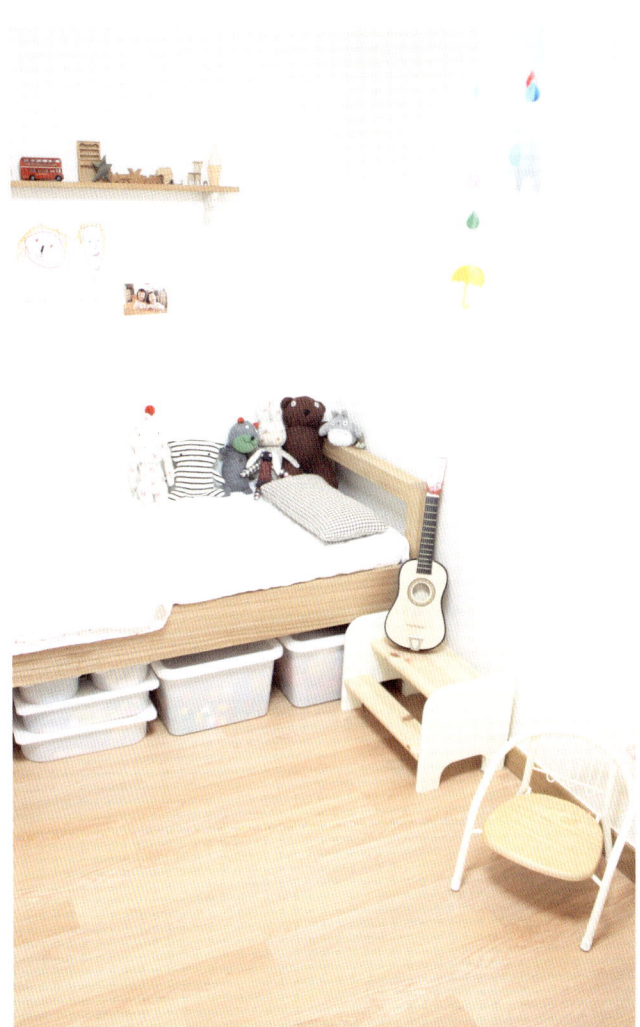

+ 기본적인 디자인을 한 침대는 어떤 침구와도 잘 어울린다.

리거나 흔들림이 생길 수 있기 때문에 세심하게 만들어야 한다. 그리고 작은 집은 언제나 수납공간을 염두에 두어야 하므로 침대 아래 칸은 수납박스를 넣어 사용할 수 있게끔 일반 침대보다 50밀리미터 정도 높여 만들었다.

침대가 생긴 이후 아이는 이제 혼자 잠든다. 나는 아이의 작은 침대에 함께 누워 잠들 때까지 노래를 불러주거나 책을 읽으며 기다려준다. 이불을 끌어와 덮어주고 이마를 쓸어준다. 자는 줄 알았던 아이가 눈을 비비며 말한다. "엄마, 내 마음에 설탕이 많이 있는데, 엄마한테 설탕을 조금 줄게. 그럼 엄마도 아주 달콤

+ 꼭 필요한 가구들을 제외하고는 커다란 벽시계나 액자도 걸어두지 않았다. 벽면과 큰 가구들은 흰색으로 색감을 맞추어 복잡해 보이지 않게 하고, 한쪽 벽면에는 좁은 선반을 걸어 장난감을 올려주고 아이가 그린 알록달록한 그림을 붙여두는 것으로 빈 벽을 생동감 있게 꾸며주었다. 그리고 부드러운 침구로 언제든 쉴 수 있도록 해두었다.

해질 거야."

　　나에게 한 아이를 낳고, 탐구하고, 정성을 쏟는 과정은 쉽지 않은 일이었다. 아이가 조금만 아파도 마음이 요동치고 눈시울이 뜨거워지는 그런 것이었다. 늘 어떤 것이 옳고 그른지, 이렇게 해야 아이를 살 이해할 수 있는지 고민하게 만들었다. 그럼에도 불구하고 이 고단한 육아의 과정이 그저 한 아이를 위한 것만이 아니라, 내게도 깊은 위안과 새로운 깨달음이 되고 있음을 부정할 수 없다.

엄마와 나란히
소꿉놀이

요리하는 내 옆에 앉아 소꿉놀이를 하는 딸아이의 모습을 보고 유아 주방놀이 가구를 만들기로 했다. 아이의 키를 반영해서 높이와 가로 폭을 정하고 작지만 주방의 구색을 갖춘 리얼 키친이 되도록 디자인했다.

+ 아이 키에 맞추어 제작한 리얼 키친
  (하부장 : 가로 640 × 세로 420 × 높이 520 / 상부장 : 높이 420 × 폭 150 / 주방장 전체 : 키높이 940)

+ 물푸레나무 상판과 소나무 하부장으로 현재 내가 쓰고 있는 주방 모습을 그대로 재현해냈다.

+ 옆면에 철제 봉을 달아서 앞치마나 패브릭을 걸 수 있도록 했다.
+ 싱크볼과 가스구 및 수전은 언제든 자신이 원하는 자리로 옮길 수 있도록 고정시키지 않았다. 주방놀이를 하지 않고 다른 놀이나 그림을 그리며 놀 때는 작은 책상이 되어주기도 한다.
+ 하부장에는 장난감을 수납할 수 있다.

    싱크볼과 가스레인지, 선반 등은 사용감이 좋도록 나무를 깎아 만들었다. 색상은 화이트와 우드 톤으로 아이 방이나 거실 어디에 두어도 자연스럽게 어울리도록 간결한 디자인으로 했다. 아래에는 장난감이나 아이 물건을 정리해놓을 수 있도록 수납공간을 만들었다.

    내가 설거지를 하는 모습이나 생선을 굽는 모습까지 재미있게 재현해내는 딸아이를 지켜보는 일이 즐겁다. 아이와 함께 놀아주는 순간만큼은 엄마가 아니라 친구가 되어주고 싶다.

아이방 나무 소품들

💚 빈티지 철제 의자

··· 오래전에 구입한 아이의 캐릭터 의자를 리폼하였다. 철제로 된 프
레임은 흰색 페인트로 도색하고 좌석 부분을 떼어내어 원목으로
교체하였다. 밝은 톤의 물푸레나무를 좌석 크기에 맞춰 재단한 다
음 모서리를 둥글게 사포질 하였다. 친환경 오일로 마감하고 건조
후에는 나사로 조립하여 부착하였다. 원목 좌석이 무게감 있게 잡
아주니 더욱 튼튼하게 느껴졌다. 아이가 사용하지 않을 때는 인테
리어 소품으로 놓아두어도 빈티지한 느낌이 들어 멋스럽다.

💚 유아 벤치

··· 인형과 함께 앉을 수 있도록 넓게 제작한 유아 의자 모서리를 둥
글게 처리해주어 안전하고 귀여운 느낌이다. 아이 방 학습 테이블
의자로 사용해도 좋으며, 현관 앞에 두어 아이가 신발을 신거나 벗
을 때 앉아서 활용하는 체어로 사용해도 편리하다. 앉았을 때 무
릎이나 허리가 편하도록 아이의 키와 무릎 길이를 측정하여 맞춤
제작하였다.

💚 원목 발 디딤대

··· 아이에게 발 디딤대가 필요하다는 것은 그만큼 스스로 해내는 일
이 많아졌다는 것을 의미한다. 발 디딤대가 생긴 아이는 좌변기에
도 혼자 오르고, 키보다 높은 책장에서 책을 꺼내고, 자신이 마신
우유 잔을 주방 싱크볼 속에 비밀처럼 넣어 놓기도 한다. 발 디딤
부분 목재는 습도에 강한 편백나무로 만들어 욕실에서도 무리 없
이 사용하도록 했다. 디딤판을 넉넉한 폭으로 제작하였더니 간이
의자로도 활용할 수 있다.

아이와 함께 펠트지로 꾸민 마을

펠트 보드의 가장 큰 장점은 언제든 자신이 원하는 마을을 만들 수 있다는 것. 재료 또한 무엇이든 가능하다는 것이다.

··· 펠트지 두 장과 마스킹 테이프, 바늘과 실, 색종이를 준비한다.
··· 똑같은 크기의 펠트지 두 장이 책처럼 접힐 수 있도록 가장자리를 맞대어 위아래 10cm가량 바느질을 해준다.
··· 마스킹 테이프로 자유롭게 길과 기찻길을 붙인다. 펜으로 길을 그려 넣으면 지우기가 힘들어 매번 새로운 마을을 만들기 어렵다. 하지만 마스킹 테이프는 쉽게 떼어낼 수 있기 때문에 언제나 새로운 길, 새로운 마을을 만들 수 있다.

··· 자투리 나무로 만든 집 모형
··· 집이 있고 학교도 있고 전깃줄도 늘어져 있는 마을, 그곳에서 기차가 신나게 달리기 시작한다.
··· 놀이가 끝나면 책처럼 접어 책꽂이에 꽂아둔다.

··· 펠트의 촉감과 나무의 질감이 따뜻하다.

나무와 생활

나무로 만들어진 물건들은 특유의 따뜻함을 지니고 있다.
시간이 지날수록 쇠잔해지면서도 깊어지는 인간의 시간과
닮아 있다고나 할까. 그래서 나무 그릇이나 커트러리로 세팅한
식탁 풍경은 언제 보아도 정감이 있다.

나무 그릇과
커트러리

나무로 만들어진 물건들은 특유의 따뜻함을 지니고 있다. 시간이 지날수록 쇠잔해지면서도 깊어지는 인간의 시간과 닮아 있다고나 할까. 그래서 나무 그릇이나 커트러리로 세팅한 식탁 풍경은 언제 보아도 정감이 있다.

나는 가끔 식사를 하는 남편과 아이의 모습을 바라볼 때가 있는데, 뜨거운 밥을 호호 불어 입 안 가득 넣고 서로를 응시하는 눈길을 보고 있으면 마음 깊은 곳에서 뭉클한 감정이 솟고 행복해진다. 생각해보면 마음 편히 훨훨 살아가도 되었는데, 남편과 나는 군이 결혼이라는 형식을 선택해서 허락된 삶을 살기로 했다. 아이의 탄생은 내 인생을 흔들어놓았고 나는 그 과정을 천천히 적응해나가면서 비로소 가족의 탄생을 경험하였다.

매일 똑같은 식탁에 모여 앉았고 그들을 위해 기꺼이 요리를 했다. 우리는 가족이라는 작은 나무 그릇에 담겨 함께 낡아지고 바래지면서 서로의 체온을 나누고 살아가는 것 같다.

+ 매일 사용하는 나무 숟가락
+ 매일 사용하고 낡아지는 나무 그릇

+ 자투리 나무로 만든 머그컵 수납장

엄마를 위한
자리

어릴 때는 그저 많이 경험하고 놀다가, 서른부터 자신이 공부하고 싶은 걸 시작해서 그걸 평생을 두고 하는 것이 진정한 공부라는 화가 김점선의 글을 읽은 적이 있다.

　내가 가구를 공부하고 그것을 직업으로 삼게 된 것도 서른을 훌쩍 넘긴 후이니 내게는 김점선 화가의 말이 꼭 맞는 셈이었다. 나는 마음의 허기로 꽤 오랜 시간을 방황했었다. 이십 대에는 왜 이렇게 공허한 것인지 도무지 알 수가 없었다. 거의 모든 걸 외부에서 찾으려 했다. 시간과 돈을 들여가며 충분함을 찾아다녔다. 하지만 그럴수록 마음에는 불편한 부채감만 쌓여갔다.

　결혼을 하고 아이를 낳고 나니, 내 삶은 이느새 의무와 책임으로 가득 차 버렸다. 원하든 원하지 않았든 아이를 위해 젖을 먹이고 밥을 하고 빨래하는 삶으로 확장된 것이다. 그런데 그 보편적이고 개인적인 확장이, 어느새 조금씩 마음을 달래고 자라게 하고 있다는 걸 알게 되었다. 그런 의미에서 참으로 고마운 노동이 아닐 수 없다. 가구를 만드는 목수라는 직업 또한 정년퇴직이라는 것이 없으

+ 테이블 (가로 1200×세로 600×높이 730)
  작은 서랍이 있어서 바느질 용품이나 통
  장 같은 자잘한 물건들을 넣어둘 수 있다.
  책상이나 2인용 식탁으로 사용해도 좋은
  크기이다.

+ 엄마를 위해 가문비나무로 만든 나무 빗

니 나는 이제야 진정한 공부를 할 수 있게 된 것이 아닐까.

나의 생일날에 맞추어 남편이 테이블을 만들어주었다. 재봉틀 초보자인 나
를 위해 좁은 거실 한쪽에 놓아주었다. 나는 이 테이블 앞에 앉아 재봉틀을 작
동하고, 목공 서적을 읽고, 음악을 듣는다. 작지만 나만의 책상, 나만의 공간이
있다는 것이 더없이 소중하게 느껴졌다.

작은 집에 어울리는
키 작은 가구

가구가 지녀야 하는 기본은 튼튼함이다. 우리는 가구재로 물푸레나무나 참나무를 가장 많이 사용하는데, 그 이유는 특유의 자연스러운 색감과 단단한 강도를 지닌 나무이기 때문이다. 실용가구를 만드는 남편과 나는 무엇보다 나무 본연의 아름다움이 느껴지도록 최대한 심플한 디자인을 선택한다. 디자인의 파격이 심할수록 실용성과의 괴리감이 생길 수밖에 없기 때문이다.

+ 원목 캐비닛 (가로 940 × 세로 1200 × 폭 620)

  옷장으로 변경하여 사용할 수 있도록 내부에 원목 행거를 설치해두었다. 옷장으로
  사용할 때에는 행거에 옷을 걸어 수납이 가능하며, 넉넉한 아래 칸에는 바구니나 수
  납박스를 두어 니트류나 가방 등을 수납하면 좋다. 캐비닛 윗부분은 액자나 장식품
  으로 꾸며도 좋으며 작은 선반을 달면 아늑한 분위기가 연출된다.

+ 물푸레나무로 제작한 선반장

  찻잔과 커피용품을 함께 수납하기 좋
  으며 뒷판 없는 선반형이라 가벼운 느
  낌을 준다.

+ 수납할 물건의 높이와 키를 반영해서
  칸칸 높낮이를 맞춤으로 제작하면 가
  구의 길이를 절약할 수 있다.

작은 공간에서 사용해도 편리하고 공간을 크게 방해하지 않는 적절한 가구를 만드는 것이 우리의 목표이고 언제나 숙제였다. 정성스러운 수작업 끝에 완성된 가구는 자식 같은 마음이 들어서 팔려나가는 순간까지 공방에 두었고 보내기 싫은 마음이 생기기도 했다. 철제보다 단단하지도 않고 플라스틱처럼 가볍지도 않지만, 그럼에도 불구하고 나무라는 물성이 아름다운 이유는 바로 살아 있음이다. 온도에 따라 수축팽창하기도 하고, 같은 수종의 나무라 하더라도 그 결과 색감이 조금씩 다르기 때문에 동일한 디자인의 가구를 제작하여도 조금씩 다른 느낌을 주었다. 그런 개성 때문에 가구 만드는 일은 항상 새로운 작업으로 느껴진다. 때로는 마감재를 너무 많이 바르면 공기가 통하지 못해 변형이 생기기도 하고, 장마철이면 수분으로 인해 휘어지기도 한다. 나무의 그런 유약함까지 순수하게 느껴진다.

보드라운
소파 테이블

누구나 마음의 브레이크가 걸리는 때가 있다. 우울감과 고독이 사무쳐 오고, 지나간 시간을 곱씹어 다시금 후회하면서 무기력에 항복당하는 때. 익숙하고 쉬웠던 일들이 갑자기 자신감을 잃어 두렵게 느껴지고, 마음은 낭떠러지에 떨어진 상태가 되어 한 발자국도 움직일 수가 없게 되는 때.

　나는 봄여름엔 기운이 없고 그래서 좀 우울하다고 느끼고 가을겨울에는 물 만난 고기가 된다. 대체로 일의 시작은 가을겨울이며 포기는 봄여름이었다. 그런 생각에 얼마나 사로잡혀 있었는지 결혼은 늦가을, 출산은 초겨울에 했다. 심지어 공방을 연 것도 겨울, 쌓인 눈을 치우며 시작했었다. 여름엔 운동화 하나로

+ 화이트 애쉬 집성으로 결이 곱고 전체적으로
  밝은 색감이다.

+ 아래쪽 공간에 잡지나 무릎담요를 수납할 수
  있으며 티 테이블로도 활용할 수 있다.

도 버티면서 겨울엔 무슨 의욕인지 잘 신지도 않는 구두며, 부츠를 들여놓는다.
일 년에 반반, 확실한 조울이 있다는 건 함께 사는 남편에겐 참으로 미안한 일이
었다.

　한여름 무더위가 기승을 부리던 때 무기력에 빠져 며칠째 집에서 누워 있었
다. 소파 테이블 위에는 읽다만 잡지와 먹다 남긴 쿠키조각, 아이가 벗어놓고 간
잠옷까지 정신없이 늘어져 있었다. 더운 바람을 내뿜는 선풍기만 열심히 돌아가
고 있었다. 어질러진 틈 사이로 소파 테이블이 보였다.

+ 커피를 만들어 일주일 만에 일터에 나온 나를 보고 남편은 빙긋 웃어주었다. 작업
  대 앞에 서서 고글을 끼고 작업 앞치마를 단단히 매었다. 바람이 불어오고, 햇볕이
  내리쬐고, 소나기가 내렸다. 다시 내 마음에.

　　각재를 구해 와서 상판을 집성하고 이틀 밤을 새워 만들었던 테이블이었다. 곱게 사포질 하고 거실 소파 앞에 옮겨 놓았을 때의 뿌듯함이 옛날처럼 떠올랐다. 나는 몸을 일으켜 보드랍고 밝은 나뭇결을 손으로 쓰다듬어 보았다. 튼튼하게 자리를 잡고 있었다. 가구가 주는 그 우직한 느낌에 오래 참아왔던 한숨이 터져 나왔다. 문득 남편과 함께 먼지를 뒤집어쓰며 일을 하던 우리의 공방으로 다시 돌아가고 싶어졌다. 기운을 내서 소파 테이블 위를 말끔히 정리하고 작은 꽃병에 아이가 꺾어 온 들꽃을 꽂았다. 꽃병 속의 봄과 여름은 정말 아름다웠다. 튼튼하게 조립된 가구를 보고 기운을 얻다니. 웃음이 나왔다.

주방에서 사용하는 나무용품

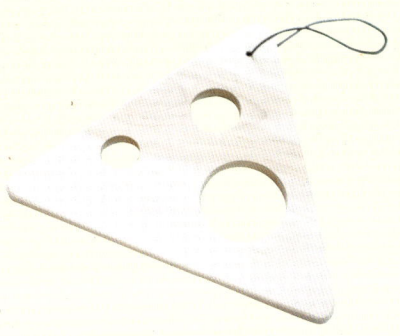

💚 스파게티 메저

··· 단풍나무를 얇게 켜서 가볍게 제작하였다.
··· 스파게티를 좋아하는 우리 가족만의 1인분 계량. 표준 1인분 보다 조금 양이 많은 맞춤 메저가 되었다.

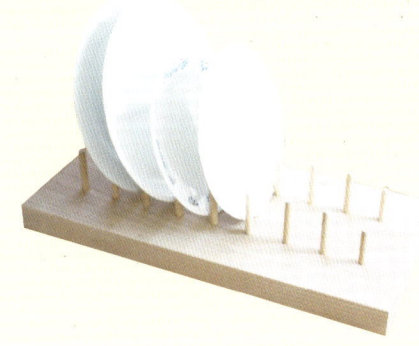

💚 원목 접시트랙

··· 목재 위에 적절한 크기로 나무못을 고정해서 만든 접시 트랙
··· 단풍나무를 두껍게 재단하여 많은 접시를 세워두어도 튼튼하게 고정된다.

💚 나무로 된 주방 제품을 잘 관리하기 위해서는 사용 후 건조에 신경 쓰면 된다. 창가에 걸어 두거나 햇볕 쨍쨍한 날 베란다에 일광욕시켜 주면 위생적으로 오래 사용할 수 있다.

작은 집 간단 수납

💚 철제 봉

··· S자 고리를 활용하여 어린이집 가방이나 외출용 모자나 백팩을 걸어둘 수 있다. 아이가 직접 사용할 수 있도록 키를 낮추어 설치하였다.

··· 욕실에서 사용하는 아이의 목욕놀이 장난감은 물 빠짐이 좋은 그물백에 넣어 걸어두면 따로 건조하지 않아도 된다.

··· 싱크대 앞쪽으로 자주 사용하는 것들을 달아놓으니 필요할 때 찾지 않고 곧바로 사용할 수 있어 좋다.

💚 냉장고 마그넷 걸이

··· 튼튼한 자석을 부착해서 3킬로그램 이상 견딜 수 있다.

··· 앞치마, 장바구니, 핫홀더 들을 걸어놓을 수 있고, 쇼핑 리스트나 오늘 해야 할 일 등을 메모할 수 있는 체크리스트 메모지를 걸어두어 주방에서 편리하게 사용할 수 있다.

💚 철제 바스켓

… 키친 매트나 티 코스터를 넣어두거나 바나나 같은 실온 보관
과일을 넣어두어도 좋다.

💚 라탄 바구니

… 라탄 바구니는 투박하면서도 자연스럽다. 그러면서도 훌륭한
수납 역할을 한다. 전체적으로 키를 낮게 제작한 작은 집 가구
의 윗부분 빈 공간에 두어도 좋고, 자주 사용하는 마른 행주
나 주방 패브릭 등을 수납해서 구석자리에 두어도 좋다. 겨울
이면 장갑을 넣어둔 바구니를 현관 앞에 두어 외출 시 편리히
게 찾을 수 있고, 집에 돌아와 바로 넣어둘 수 있다.

💚 선반 아래나 수납장 내부에 철제 바스켓을 걸어두면 수납되
는 공간을 나누어 쓸 수 있어 편리하다.

철제를 이용한 소품

♥ 가구에 사용하는 다양한 금속 제품

♥ 주물 훅이 부착된 빈티지 걸이

··· 현관 앞에 두어 우산이나 외투를 걸어
두면 편리하다.

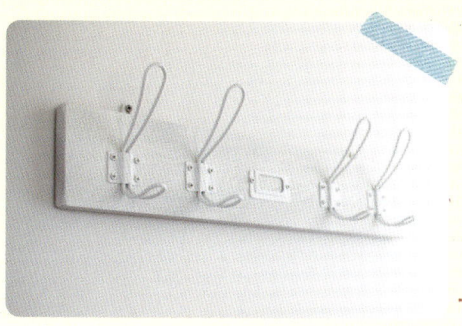

♥ 흰색 철제 걸이가 달린 다용도 걸이

… 작은 네임 택을 달아주었더니 귀엽다.

… 아이 방에 설치하여 가방이나 모자를 걸어두면
   정리가 쉽다.

나무로 만드는 놀이

물푸레나무와 월넛으로 무늬를 만든 몸체와
패브릭으로 만든 돛을 달았더니 원목 돛단배가 완성되었다.

자작나무로 만든
도미노 놀이

아이를 양육하는 과정은 내게 다시 한 번 어린 시절을 체험하는 것 같은 기분이 들게 했다. 뒤늦긴 했지만 그때의 나로 돌아가 유년의 기억을 열어보고, 한없이 받아들여지고 싶었던 어린 내 마음을 인정해주고 보듬어주는 작업이 되기도 했다. 그런 후에야 나는 좀 더 성숙한 엄마로 아이 앞에 설 수 있었다. 아이의 다섯 번째 생일 선물로 도미노 장난감을 만들어주었다.

자작나무 합판을 300피스로 재단했다. 곱게 사포질 하고 친환경 오일로 마감하여 부드러운 질감이 되도록 했다. 폭은 똑같이 하되 길이는 조금씩 키를 달리하여 재미를 주었다. 도미노, 쌓기 놀이, 보드게임 등 다양하게 활용할 수 있으며, 목재 앞면에 글자나 숫자를 써넣어 학습용으로 활용할 수도 있다. 남편과 나는 거실 바닥을 가득 메운 도미노를 쓰러뜨리며 환호하는 아이의 모습을 구경하며 같이 즐거워했다.

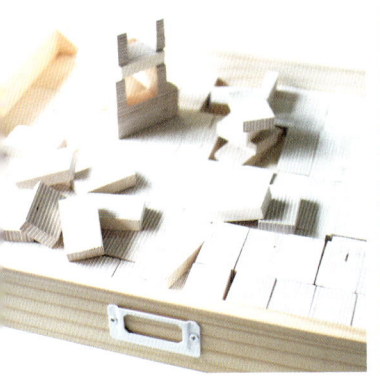

공원에서

아이는 때로 놀라울 만큼 나를 섬세히 바라 볼 때가 있다. 그리고 하루에도 몇 번씩 이런 질문들을 한다.

엄마, 엄마는 왜 치카치카를 할 때 허리에 손을 올려요?

엄마, 나도 엄마처럼 머리를 이렇게 묶고 싶어.

엄마, 나를 번쩍 안아서 우리 아기, 라고 말해봐.

엄마, 내 어디 어디가 좋아?

엄마, 엄마는 왜 노래를 불러요?

엄마, 매운 커피가 왜 맛있어?

엄마, 난 다섯 살 언니가 되었으니까 이제 무거운 가방도 들 수 있어요.

엄마, 내가 막 울면, 엄마는 화가 나? 엄마가 화가 나면 나는 더 슬픈데?

엄마, 엄마는 커서 뭐가 될 거야?

엄마, 나는 매운 걸 잘 먹을 수가 없는데, 자꾸만 매운 거를 잘 먹는다고 얘기

+ 우리가 자주 가는 호수공원
   푸른 잔디와 인공호수지만 물결을 구경할 수 있는 곳

+ 간단히 도시락 싸서 잔디밭에서 먹는 즐거움

하고 싶어.

　엄마, 빵집에 가면 왜 예쁜 노래가 나와요?

　엄마, 안녕하세요, 인사를 하면 왜 착하다고 해? 착한 건 좋은 거야?

　엄마, 나는 커서 엄마가 될 거야. 그래서 엄마랑 같이 소풍을 갈 거야. 엄마가 좋아하는 하얀 가방에 초코빵을 넣고.

　엄마, 나는 엄마가 나를 많이 안아주면 좋겠다. 일어서서 높이. 무겁다고 말하지 말고 안아주면, 나는 기쁠 거야.

　"아이에게 자유를 물려줄 수 있는 엄마는, 이미 자유로운 엄마뿐"이라는 글을 읽은 적이 있다. 편견이 없고 억압이 없고, 너그러운 사람이 되어야만 그것을 물

+ 풍선이 날아가지 않도록 묶어두는 작은 원목나무 모형
바람에도 끄떡없도록 하부를 튼튼하고 무게감 있게 만
들었다.

려줄 수 있다는 뜻인 것 같았다. 이 커다란 숙제를 시작해보려 하니 동시에 내가
얼마나 자유를 불편해하고 억압에 약하고 편견이 많은 사람인지 알게 되었다.
자아를 정리하고 과거를 수습하고 침착하게 오늘, 현재를 살아가는 엄마가 되고
싶다.

오후, 아이는 한참 즐겁게 놀다가 갑자기 토라져 자기 방으로 들어가버린다. 아이스크림 컵 쌓기 놀이를 하는데, 내 설명과 참견이 싫은 모양이었다. 나는 규칙을 가르치고 싶고, 아이는 무엇이든 스스로 하고 싶어 했다. 스스로 하다가 잘 안 되면 금세 싫증을 내버리는 아이에게 규칙을 알면 더 재미있다며 나는 아이의 놀이에 참견하기 시작했다. 그리고 이건 같이 노는 거라고 말하면서 자꾸만 아이의 놀이를 지적하고 교정하려 했다. 아이는 그런 상황을 금세 알아채고 토라졌다. 자존심이 센 아이는 주도권을 뺏기고 싶어 하지 않아 했다.

나는 아이가 토라지는 타이밍을 잘 알면서도 기어이 내가 할 말을 다하고 만다. 그럴 때마다 스스로에게 뜨끔하다. 바쁘다는 핑계로 아이가 원하는 만큼 실컷 놀아주는 때가 별로 없고 기다려주지도 않으면서, 언제나 아이 스스로 모든 걸 극복해내길 바라는 것이다. 이렇게 글을 쓰면서도 나는 그것이 그렇게 부끄럽지 않다는 게, 문제라는 걸 느낀다. 양육한다는 이유로 너무나 쉽게, 존중을 철회하고 탓을 돌리는 그런 엄마가 되어 있었다. 매일 진땀을 빼고, 빨래와 설거지,

청소에서 하루도 벗어날 수 없다고 스스로에게 화가 나 있는 것을 아이에게 투사하고 있는 것 같아 부끄러웠다.

'미안해, 색연필을 오른손으로 쥐어, 라고, 엎드려서 읽으면 눈이 아프다고, 다음 순서는 뭐냐면, 하고 참견하던 말들도 이제 안 할게.'

'너는 어제와 같이 마음대로 그림을 그리고 게임의 규칙을 무시하고, 누워서 천장을 향해 힘겹게 책을 들고 읽어도 좋다. 중요한 건, 너의 자유라는 것.'

아이가 먼저 묻기 전에 내가 선수쳐왔던 많은 것들이, 사실 나의 개인적인 불안일 뿐이라는 걸 깨닫는다.

동갑내기 여자아이들. 서로를 친구라 부르며 우정을 쌓아가고 있다. 아이들은 감정에 솔직하고 울음도 용서도 참 쉽다. 격렬히 싸우다가도 어느새 상대에게 사과를 하고 웃으며 장난을 친다. 헤어질 때는 아쉬워 눈물을 흘리고, 다시 만나면 반가워 방긋 웃는다. 보고 싶다는 말도 좋아한다는 말도 아끼지 않는다. 가만히

그 세계를 들여다보면, 참으로 정직하다는 느낌을 받는다. 이들의 성장과 자유를 목격하며 나도 그런 쉬운 사람이 되고 싶어진다. 긴장하지도 긴장시키지도 않으며, 쉽게 웃고 쉽게 허락하는 사람.

저녁엔 〈무화과 꿈〉이란 시를 읽어주었더니 서로 어깨동무를 하며 들어주었다. "이모, 이건 노래예요?"라는 친구의 질문에 딸아이가 대신 대답했다. "아니. 이건 글. 자. 야." 둘이 끄덕이며 쿡쿡 웃는다. 호기심이 별처럼 반짝거리는 아이들의 순수함은, 언제나 내 마음을 비눗방울처럼 가볍고 투명하게 해주는 것 같다.

집 속의
작은 집

좁고 낮은 곳이라면 어디든 숨어들어 소꿉놀이를 하거나 인형을 돌보고 싶은 여자아이. 그런 아이의 심리를 반영해서 원목 놀이 집을 만들었다.

프레임과 문짝은 원목으로 만들고, 나머지 벽면은 가벼운 원단으로 둘른 뒤 고정했다. 철거와 설치가 쉽도록 나사 조립을 했다. 벽면을 원단으로 달아주었더니 좁은 공간 안에서 아이가 벽에 부딪히는 사고를 예방하고 밖에서도 언제든 내부를 들여다볼 수 있다.

+ 아이의 작은 집 (가로 1500 × 높이 1400 × 폭 900)
아이가 좋아하는 장난감으로 내부를 꾸며준다.

+ 전면에서 한쪽은 여닫는 문을 달았고, 한쪽은 드나들기 편하도록 열어놓았다.

+ 나사 결합이므로 사용하지 않을 때는 분리해서 침대 아래나 베란다에 수납할 수 있다.
+ 원단으로 벽면을 덮으니 위험하지 않다.

나무 문짝에는 작은 창을 뚫어주었다. 아이는 자기만의 재미있는 집에서 놀이를 하고 꿈을 꾼다. 나는 그 작은 공간을 존중해주고 싶어서 늘 작게 노크를 한다. 그러면 아이는 빙그레 웃으며 고개를 빼꼼히 내밀며 "엄마, 우리 집에 놀러 왔어요?" 한다.

아이의 마음을 달래주는 인형

♥ 마음인형

··· 이 인형은 늘 귀가 늘어져 고개를 들지 못하고 팔다리는 축 늘어져 있다. 얼굴은 어둡고 무표정하다. 여기저기 실밥이 터져 있지만 굳이 말끔하게 보수하지 않는다. 아이의 불편한 마음을 읽어주는 역할을 하는 인형이기 때문이다. 처음부터 그런 용도로 만든 것이 아니었는데, 언제부턴가 아이가 친구랑 다투어 울적하거나 작은 놀림에 낙심해 있을 때 나는 이 인형에 마음을 투사하고 있었다. 누구에게나 어두운 마음이 생기고, 그걸 숨기고 싶어 한다. 하지만 숨길수록 마음은 무겁기만 하고 점점 이유가 불분명한 불안으로 쌓여간다. 아이는 인형을 선물 받았을 때부터 지금까지 불만, 두려움, 부끄러움 등을 이야기하는 인형으로 사용하고 있다. 아이가 인형을 위로하며 자신의 마음을 어루만질 때, 나도 기다렸다가 함께 위로를 건넨다. 아이는 어느새 자신의 마음을 들여다보고 있다.

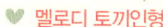

♥ 멜로디 토끼인형

··· 가슴에 달린 흰 꽃을 누르면 멜로디가 나온다.
아이가 고집을 부릴 때나 이유 없이 울 때 멜로디를 눌러 분위기를 환기시키거나 잠시 멈추게 한다. 때론 잠시 멈추게 하는 것만으로도 괜찮아질 때가 있다. 그것은 꼭 아이뿐만 아니라 어른인 내게도 해당되는 것 같다.

소규모 일상의 즐거움

모양은 모두 같은 아파트 공간이지만
그 속에 살아가는 사람들은 모두 각자의 개성과 생활방식으로
살아가고 있다. 같은 모양의 액자 속에 담긴 서로 다른 사진 같았다.

헤드 없는
평상형 침대

우리는 좁은 안방을 넓게 쓰기 위해 이사를 오면서 침대를 처분했었다. 침대 자리가 없어지니 방이 넓어 보이긴 했지만, 막상 이불을 펴고 누울 때가 아니고서는 그 공간은 그저 비어 있는 공간이었다. 바닥에 앉아 있기도 불편하고 다른 가구를 놓고 활용할 수도 없었다. 작은 집이라고 해서 무조건 가구를 줄이고 여유 공간을 만들어야 한다는 것은 어쩌면 편견일지도 모르겠다는 생각이 들었다.

+ 원목 침대 (가로 1530 × 세로 2110 × 높이 350)
헤드 없이 간결한 디자인은 어떤 침구와도 잘 어울리고 오래 사용해도 질리지 않는다.

+ 안방 서랍장 (가로 1600 × 세로 530 × 높이 830)
오크로 제작하여 튼튼하고 9칸 서랍으로 수납이 용이하다.

+ 장부 결합으로 튼튼하다.
+ 내부 목재는 모두 편백나무로 하여 항균
  과 피톤치드 활성을 높였다.

+ 물푸레나무의 나뭇결이 자연적인 느낌
  이 들어 어떤 침구와도 잘 어울린다.

좁은 공간이라도 쓰임새 있는 가구를 동선에 맞게 설치하여 공간을 활용하는 것이 더 합리적이라는 생각이 들었다. 특히 공방에서 서서 일하는 시간이 많고 무거운 목재를 드는 일이 많은 우리는 허리와 다리를 편히 쉬게 하는 좀 더 푹신한 침대가 필요했다.

안방에 침대 놓을 곳을 정한 뒤 낮고 헤드가 없는 평상형으로 만들기로 했다. 기본 디자인으로 제작하여 큰 가구가 주는 무거운 느낌을 최대한 줄이려 했다.

들꽃처럼

아이를 데리고 공방에 나갔다. 가구 포장하는 걸 돕겠다고 우리 앞에 서 있는 모습이 귀여워 나는 자꾸만 볼을 비비고 엉덩이를 토닥여주었다.

　꽃을 꺾고 싶다고 해서 밭으로 데리고 갔다. 밭에 나가 파릇파릇한 새싹을 보는 것만으로도 마음이 밝아진다. 별일 없이 밭을 휘 둘러보는 것이 즐거움이 될 줄이야. 공방 앞 텃밭으로는 부족할 것 같아서 얼마 전 근처 노는 밭을 스무 평 더 빌려놓았었다. 수수, 옥수수, 칠갑산 배추씨앗 들을 심은 자리 옆으로 아이와

＋　배추가 나왔다. 아무래도 안 되려나 단념하던 사이 땅을 뚫고 싹이 나왔다. 언제나 기다림의 문제.

+ 새싹 샐러드 만들기

함께 씨감자를 심었다. 싹과 풀도 구분 못했던 나였지만, 호미질에 꽤 소질이 있
다는 것과 생각보다 벌레에 민감하지 않다는 것도 알게 되었다. 열무어린잎을 솎
아주었다. 농약 없이 키우려니 벌레 먹은 자리가 많았다. 수확의 반은 벌레 몫이
되었다. 아이도 동참하여 잡초를 뽑아냈다. 제법 일꾼 역할을 하는 것 같았다. 이
제 막 자라난 열무어린잎은 부드럽고 달콤했다. 아이를 먹이고 싶어서 어린열무
와 상추를 조금 뜯었다. 그리고 밭일의 종료를 알리는 들꽃 꺾기를 함께했다. 아
이는 밭 가장자리에 핀 들꽃을 꺾어줄 때 가장 즐거워했다.

    햇볕이 지나가고 그늘이 내려와 바람이 살랑였다. 밭일 조금 했을 뿐인데 성
취감에 기분이 좋았다. 빈틈을 보이면 언제든 나를 압도해버리려는 공허감도 이
밭에서 이겨낼 수 있을지도 모른다는 느낌이 들었다. 밭 가장자리에 나무 울타

리를 만들어 세우고 아이 이름의 명패도 붙여주기로 했다.

집으로 돌아와 밭에서 따온 열무로 된장 비빔밥을 만들어 먹었다. 밭일을 통해 인생을 단순하게 살아내는 훈련이 시작된 셈이다. 바람도 햇볕도 따뜻한 계절이었다.

복도식 아파트
생활

낡고 작은 복도식 아파트에 살게 되면 옆집이나 같은 층에 사는 사람들의 생활소음을 피할 수가 없다. 옆집의 낡은 대문이 쾅쾅 닫힐 때마다 집안이 들썩이고, 여러 가구가 복도를 함께 쓰다 보니 집 앞마다 늘어놓은 자전거, 화분 때문에 더욱 비좁게 느껴진다. 저녁이면 열어놓은 창문으로 집집마다 밥 짓는 냄새가 풍겨온다. 생선을 굽는 집, 손님이 찾아와 북적이는 집, 언성을 높이며 싸우는 집 등등.

나는 슬그머니 이런 환경이 불편해지기 시작했고 투덜거리기 시작했고, 다시 이사를 가야 하나 고민하기 시작했다. 무엇보다 가장 견딜 수 없었던 건 친구들이 매일 드나드는 옆집의 소음이었다. 늦은 밤에도 이어지는 소음으로 잠을 잘 수가 없었다. 그럼에도 불구하고 미안한 기색 하나 없는 옆집 사람을 미워하면서 일 년 반을 살았다.

어느 날 저녁, 초인종이 울렸다. 복도에서 마주치더라도 아는 척하지 않고 지내던 옆집 사람이었다. 그녀가 내민 것은 뽀로로 요구르트 묶음이었다. 나는 그걸 어정쩡하게 받아들고 나보다 더 어정쩡하게 뒤통수를 긁으며 어렵게 말을 꺼내는 옆집 여자를 바라보았다. "저희가 좀 시끄럽지요. 미안해서 사과를 드리고 싶었는데 이제야 하게 되네요" 하는 것이다. 허술해 보이는 말투와 달리 가느다란 눈매가 섬세해 보였다.

그녀의 눈빛에서 오랜 기간 나만큼 불편했던 속내가 느껴졌다. 옆집과 일 년

+ 잎이 넓고 둥근 고무나무는 실내에서 키우기 좋은 식물이다.

+ 우리 집 어항 속 물고기

반 만에 나눈 짧은 인사였다. 그녀가 다녀간 다음 현관에 서서 뽀로로 요구르트를 한참 보았다. 캐릭터들이 모두 밝게 웃고 있었다. 뽀로로에 나오는 모든 친구들은 서로에게 실수하고 욕심도 부리지만 언제나 엔딩에는 서로를 용서하고 웃어준다. 내가 피해를 주지 않을 테니, 상대도 내게 피해를 주면 안 된다는 고집스러운 나의 생각은 어쩌면 비현실적인 바람일지도 모른다. 어디선가 풍겨오는 고기 굽는 냄새와 윗집에서 들리는 세탁기 돌아가는 소리, 창밖으로 줄지어 불을 밝힌 현관등 들이 오늘따라 왜 이리 평화롭게 느껴지는지.

모양은 모두 같은 아파트 공간이지만 그 속에 담겨 살아가는 사람들은 모두 각자의 개성과 생활방식으로 살아가고 있다. 같은 모양의 액자 속에 담긴 서로 다른 사진 같았다.

가구를
만든다는 것

공방 기계들은 자주 고장이 났다. 모두 중고로 구입을 했더니 하나를 고치면 다음 기계가 기다렸다는 듯이 말썽을 부렸다. 그럴 때마다 조금 더 좋은 전동기계를 갖고 싶다는 생각이 들었지만, 기름칠하고 수리하면서 손에 익은 기계들에 대한 애정도 그만큼 커져 갔다. 오전 내내 끙끙대며 테이블 속 날물을 교체하고 확인을 해보려고 전원을 켜는 순간, 굉음과 함께 갑자기 날물이 공중으로 튀어 올랐다. 솟아오른 날물은 나를 살짝 비켜가 그대로 공방 벽에 꽂히며 멈췄다. 조금만 기계 가까이 서 있었다면 목숨을 잃을 뻔한 큰 사고였다. 날물이 스쳐간 자리는 찢기고 부서져 있었다. 놀란 가슴은 한동안 진정되지 않았다.

목공은 그 매력만큼이나 늘 위험이 도사리고 있는 직업이났다. 가구 만드는

일을 시작한 지 얼마 안 되었을 때는 손가락이 찢어지거나 나무가시가 깊숙이 박혀서 응급실에 가는 일이 다반사였다. 물론 지금도 남편과 내 손은 자잘한 상처가 생기고 아물기를 반복하고 있다.

전동기계에 달린 육중한 톱날로 나무를 재단하는 과정에서 발생하는 작은 실수는, 곧 큰 부상을 가져오기 때문에 기계작업을 할 때는 안전을 수시로 체크해야 한다. 완전히 집중하지 않으면 작업을 시작할 수가 없다. 고글과 마스크는 사방으로 튀는 톱밥과 분진을 막아주기 때문에 꼭 착용해야 하며, 작업 전 기계점검은 섬세하고 꼼꼼히 해야 한다.

목공작업 전 주위를 정리정돈하는 것은 안전한 목공을 하기 위한 필수 과정이다. 요리사가 요리를 시작하기 전, 도마 위에 오른 식재료들을 두고 숨을 고르는 것처럼, 언제나 침착함이 요구되는 작업인 것이다. 안전하고 섬세하게 나무를 만지고 다듬는 시간을 통해 알아가는 이 정직한 방식을 오랫동안 습득하고 싶다.

쿠키
굽는 날

따뜻한 햇볕이 머무는 오후.

흑설탕의 고소한 달콤함을 정말 좋
아해서 어린 날엔 찬장 안에 있는 흑
설탕 병을 열어 손바닥에 조금 가져와
입안에 털어놓곤 했었다. 흑설탕은 흡
습성이 높아 주위의 수분을 모두 제
몸에 붙여버리기 때문에 관리하기가
어려운데도, 내가 만드는 모든 쿠키나
빵에는 언제나 흰 설탕이 아닌 흑설탕
이 들어간다.

+ 아이와 함께 만드는 치즈얼굴 쿠키와 빵

+ 코코아 쿠키
  겉은 건빵처럼 바삭하고 속은 부드럽고 촉촉하다.

반죽을 오븐에 넣고 오븐 앞에 앉아 그 과정을 지켜볼 때가 있다. 시커먼 블랙홀을 연상케 하는 오븐 안에서 구워지고 부풀려지는 빵을 보고 있으면 나른하고 행복한 기분이 든다. 오븐에서 막 꺼낸 달콤한 빵을 맛보는 시간을 기대하면서.

+ 바닐라 머핀
  중력분, 우유, 계란, 바닐라시럽, 베이킹파우더
  로 만든 초간단 머핀

공방이
쉬는 날에는

비오는 날은 공방 휴무일.

　비오는 날에는 재단이나 조립을 하지 않는다. 습기를 먹은 나무를 가지고 재
단을 하면 맑은 날 갑자기 치수가 달라지기도 하기 때문이다. 그런 날에는 주로

+ 습도에 약한 나무의 특성 때문에 목재 만지는 것이 조심스러운 비오는 날

+ 아빠와 딸의 기타 연습

공방 청소를 하거나 주문 가구 설계도를 그리는 일을 하다가 남편과 함께 유치원으로 아이를 데리러 간다. 비오는 날이면 엄마 아빠가 함께 자신을 데리러 오기 때문에 아이는 비오는 날을 좋아하는 것 같다. 셋이서 스파게티를 만들어 배불리 먹고 베짱이처럼 기타를 치며 노래를 부른다. 별빛은 어젯밤도 보석처럼 반짝이고 우주는 질서정연하게 움직인다.

+ 따뜻한 라떼가 담긴 머그 위에 하트 모양을 따낸 모형 틀을 올려두고 시나몬 가루를 솔솔 뿌려준다.

목공방 풍경

공방 내부

재단실 만들기

매일 한 시간 수공구 연마하기

작업 중인 공방 모습

작업실을 놀이터 삼는 아이

작은 소품들

낙엽이 지고 나면, 나는 이른 크리스마스 준비를 한다.
어린 날 동네친구와 함께 찾아간 낯선 교회에서 느낀 따뜻하고 환상적인
크리스마스의 느낌은 아직까지도 내게 소중한 기억이 되어주고 있다.

낯선 곳에서의 익숙한
캠핑 테이블

＋   ＋

남편은 늘 갑작스럽게 우리를 어디론가 이끈다. 이른 아침 여행 가방을 싸게 하기도 하고 귀가길이거니 생각하고 차 안에서 잠이 들었다가 깨어 보니 낯선 곳에 도착해 있기도 하였다. 나는 준비 없이 가는 게 싫다며 짜증을 부리거나, 익숙지 않은 곳으로 떠나는 것이 신경 쓰여 도착할 때까지 두통을 호소하는 예민보다 과민에 가까운 사람이었다.

　캠핑 도구를 챙겨들고 수풀을 헤치고 차가 더 이상 들어갈 수 없는 곳까지 올라가면 어느새 우리는 정상을 앞두고 있었다. 마른 나뭇잎이 바람에 쏴아- 차분하게 소리를 냈다.

　아이는 발밑에 맴도는 나비를 쫓고 남편은 오동나무를 흔들어보았다. 성상에서 보는 산과 강, 푸른 하늘에 가슴이 뻥 뚫렸다. 무작정 따라나섰을 때 기대하지 못했던 풍경을 보았기에 남편이 가는 곳이라면 언제나 투덜거리면서도 따른다. 약간의 불안과 설렘을 품고.

　정해진 일상을 살아가는 우리는 언제나 떠나고 싶어 한다. 일상에서 멀어져

+ 캠핑 테이블
  (가로1000 × 세로 450 × 높이 500)
  이동과 보관이 편리하도록 접이
  식으로 만들었으며 참나무(오크)로
  만들어 단단하고 안정감을 준다.

+ 테이블 옆면으로 키친타올이나
  S자 고리를 이용해서 캠핑용품
  을 걸어둘 수 있다.

편리하지 않은 곳, 익숙하지 않은 곳으로. 그러나 막상 집을 떠나와 마주한 낯선 장소에서는, 늘 해오던 요리, 익숙한 음식이 먹고 싶어지는 것 역시 부정할 수 없다. 김치찌개, 삼겹살 구이, 집에서 마시던 드립커피 같은. 그리고 튼튼한 원목 테이블까지 함께한다면 우리의 일상 탈출은 더욱 만족스럽다.

사랑을 숨길 수 없는
겨울 손뜨개

겨울이면 목감기를 자주 앓는 남편을 위해 넥워머를 뜨고 있던 늦은 밤, 후배로부터 걸려온 전화를 받았다. 그녀는 연락이 뜸했던 사이 연애를 했다고 한다. 요즘 자신이 느끼는 감정은, 사랑에 대한 회의인지, 인간에 대한 회의인지 모르겠다고 했다. 사랑을 묻는 그녀에게 나는 별로 할 말이 없었다. 연애경험이 많지 않았던 내가 결혼도 안 한 그녀에게 아이의 탄생 이후 부모로서 살아가는 삶에서 느끼는 사랑에 대한 나의 생각을 얘기하기에는 너무 개인적이고 이른 것 같았다.

+ 뜨개 반지를 아이 손
에 끼워준다.

+ 저녁을 먹고 뜨개질을 하는 내 앞에 모여 두런두런 얘기를 한다. 남편은 요즘 공방 근처로 철
새들이 너무 낮게 날아간다고 했고, 아이는 내일 친구 생일인데 무슨 선물을 할까 했다. 그러
다가 우리는 베란다 창밖으로 안개꽃처럼 풀풀 날리기 시작하는 눈을 바라보았다.

　사실 내가 그녀 나이였을 때 사랑이라고 생각한 것은, 대접받는 기분 같은 거
였다. 고급스러운 취미, 세련된 기호, 어딘가 나를 기다리고 있을 것 같은 빛나
는 미래. 그런 게 참 중요한 것 같았다. 어리석게도 이십 대 내내 그렇게 비현실적
인 소망을 품고 있었다. 그리고 나이가 조금 더 들어서부터의 사랑은, 어딘가 애
잔하고 포기가 잘 안 되고 가슴이 시린, 그런 것이었다. 이십 대에 꿈꾸던 사랑이
'파리의 연인'이었다면, 그 이후 선택한 사랑은 '이 죽일 놈의 사랑'에 가까웠다.
　내가 결혼을 결심한 가장 큰 이유는 아이러니하게도 남편의 허술한 옷차림
때문이었다. 추운 날씨에도 얇은 티셔츠에 점퍼 하나 걸치고 나를 만나러 온 그
를 보면서, 나는 늘 좀 더 따뜻하게 입으라고 타박을 하고 걱정을 했다. 한 사람
이 내 자신처럼 소중해지는 낯선 경험이었다. 매년 겨울이면 남편과 아이를 위해
뜨개질을 한다. 그들에 대한 나의 사랑을 숨길 수 없는 계절인 것이다.

낙엽이 지고 나면, 나는 이른 크리스마스 준비를 한다. 어린 시절 동네친구와 함께 찾아간 낯선 교회에서 느낀, 따뜻하고 환상적인 크리스마스의 느낌은 아직까지도 내게 소중한 기억으로 남아 있다. 그날 이후로 크리스마스는 내게 종교적인 의미를 넘어 좀 더 개인적인 의식이 되었다.

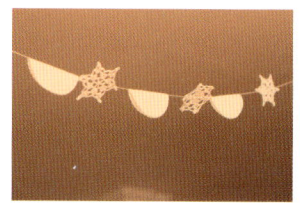
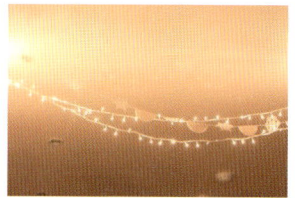

    아이를 데리고 공원에 나가 장식으로 사용할 솔방울을 줍고, 트리장식을 한다. 크리스마스이브 날은 진한 초코 케이크를 구워 작은 파티를 연다. 남편과 아이에게 크리스마스 선물을 건네며 그들의 건강과 행복을 빌어본다. 이번 크리스마스 선물은 남편에게는 두툼한 폴라폴리스 양말을, 아이에게는 수채화 물감을 준비했다.

수공구를
연마한다는 것

3월인데도 여전히 춥고 눈이 내렸다. 오전 시간 공방 톱밥난로 앞에서 언 손을 녹이고 나면 수공구 연마가 시작된다. 수공구를 처음 접했을 때는 학창시절 미술시간에 찰흙놀이나 석고상을 만들 때 사용했던 공예용 칼과 아버지가 집을 보수할 때 사용하는 낡은 연장세트를 떠올리게 했다. 생긴 모양은 투박하고 단순해 보이지만 수공구의 용도마다 과학이 숨어 있다.

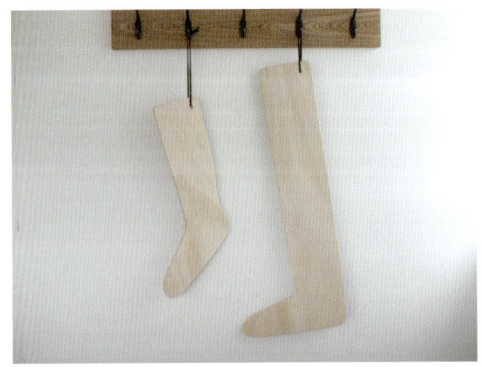

+ 원목 슈즈키퍼
겨울이 끝나고 부츠 보관 시 형태를 유지시켜준다. 가장자리에 작은 구멍을 내어 사용하지 않을 때는 걸어두어 소품으로 활용해도 멋스럽다. 삼나무로 만든 슈즈키퍼는 항균과 습도 조절을 해주므로 어그부츠나 가죽부츠에 넣어두면 변형 없이 건조하게 오래 사용 할 수 있다.

+ 대패
　주로 집성된 판재의
　수평을 잡을 때 사용
　한다.

+ 조각도
　작은 모양을 파낼 때
　사용한다.

　수공구를 터득하는 작업을 하다 보면 목공일을 하는 즐거움을 배가시키고 가구를 제작하는 손이 좀 더 정교해지는 걸 느낄 수 있다. 기계로 재단된 목재를 다듬거나 무늬를 만들거나, 나사 결합이 아닌 섬세한 껴 맞춤 제작을 할 때 주로 수공구를 사용하는데, 나는 언제나 수공구를 능숙하게 사용하고 싶다.

　공방 난로 위에 고구마를 올려두고, 그것이 노릇노릇 구워질 때까지 오늘도 대패 연습을 한다. 관념이 아니라, 지식이 아니라, 언제나 우리에게 필요한 것은 삶을 살아갈 기술이라는 걸 깨닫는다.

새벽녘 오페라 소리에 눈을 떠보니 소파에서 잠들어 있었다. 우리 아파트에는 좀 특이한 택시 기사 아저씨 한 분이 산다. 동네 사람들 잠 깨우는 데 특이한 소질이 있는 그 아저씨는 새벽녘 아파트 지하주차장 자신의 택시 안에서 음악을 크게 틀어놓곤 한다. 그 소리가 지하주차장 안에서 공명이 되어 정말 웅장하다고 느낄 정도로 아파트 단지를 휘감아 돈다. 어떤 날은 모차르트, 어떤 날은 파바로티. 이웃사람들의 아우성에 얼마 못 가서 음악 소리는 멈추지만, 집에서 듣기도 힘들고 지하주차장 자신의 차 안에서 듣는 것도 안 되니 그 나름대로 고충이 있을 것 같았다.

그날도 새벽부터 클래식이 흘렀다. 남편은 더 이상 못 참겠다, 이게 무슨 악취미인지, 하고는 늦은 밤 지하주차장으로 내려갔다. 나는 베란다에 서서 남편이 내려간 지하주차장 쪽을 바라보고 있었다. 그날은 현악기로 연주되는 클래식이었다. 하지만 몇 분 만에 그 웅장한 음악소리는 성겁게 일단락되었다.

그리고 4개월 만에 다시 시작된 오페라였다.

　새벽 3시. 나는 작은 캔들에 불을 피우고 베란다 문을 열었다. 오페라 아리아가 온 동네에 퍼지고 있었다. 불 꺼진 아파트 창문으로 하나둘 불이 켜졌다. 사람들이 창밖을 내다보기 시작했고, 몇몇은 지하주차장으로 향했다. 갑자기 졸음이 쏟아졌다. 아득하게 들려오는 음악소리. 소음이라 하기에는 아쉬운 아름다운 선곡이었다.

+ 흰색으로 칠한 소나무 캔들 홀더
아이가 만지거나 다치지 않도록 벽걸이로 제작했다. 비오는 날 습기를 몰아내기 위해 피워도 좋고, 요리 후에 켜놓으면 방향효과도 되므로 자주 켜 놓는다.

작지만 쓸모 있는 선반 테이블

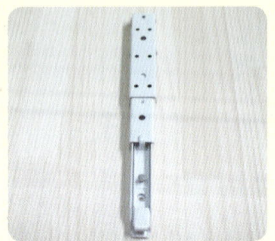

① 접이식 철물을 준비한다.

② 펼치면 선반 다리가 된다.

③ 선반 목재를 준비한다.

④ 선반 목재 뒷면으로 철물을 나사로 조립한다.

⑤ 철물이 선반 목재보다 1cm 가량 나오도록 조립해야 접고 펼치는 과정이 자유롭다.

⑥ 철물이 튼튼하게 받치고 있어서 테이블로 사용할 수 있다.

⑦ 접었을 때 공간을 차지하지 않아서 작은 공간 간이테이블로 사용하기 좋다.

⑧ 펼치면 선반 테이블이 된다.

··· 아이를 위한 접이식 책상

··· 작은 침실의 화장대

그동안 우리는 작은 집에서 생활하면서 공간을 조금씩 변화시키는 작업을 해왔다. 아마 조금이라도 더 넓은 집이었다면, 우리 힘으로 가구를 만들어 채울 엄두도 내지 못했을 것이다. 작은 집이었기에 부담 없이 시작할 수 있었고, 소소한 변화에도 큰 성취감을 느낄 수 있었다.

말하고 기록하는 삶을 살았던 내게 공방이라는 현장에서의 작업은 낯설고 새로운 시도였다. 가구를 만드는 과정에서 말과 글은 거의 필요 없는 기능이었기 때문이다. 생각도 느낌도 잠시 접어두고 '매순간 거친 나무와 그걸 가공해야 하는 나'라는 굉장히 현실적인 상황만을 마주하면서, 처음으로 현장감이란 걸 느꼈다. 완전히 몰입해야만 원하는 결과물을 가질 수 있는 작업이었으며, 가장 절대적인 도구는 손이었다. 가구를 만드는 처음부터 끝까지 손이 하지 않는 역할은 없었다. 손으로 나무를 매만지며 가공 상태를 확인하기 때문에 손은 더욱 예민해졌고 정밀한 작업을 했다. 손을 믿으며 살아가는 생활이 시작된 것이다.

언제나 선택의 기로에서 택하지 못했던 많은 것들을 후회하며 실패를 할 바

엔 시작하지도 않겠다고 웅크리고 있었던 나는, 한 번도 절실할 기회를 갖지 못했었다. 내가 지켜온 안전함의 대가는 그저 미지근한 맹물 같은 것이었다.

가구를 만들며 혼자 기뻐하는 작은 만족이 쌓여갔다. 그러는 동안 자연스럽게 실패하지 않겠다는 강박을 내려놓게 되었다. 나무 가구를 만들면서 실패는 너무나 당연한 경험이었고, 실패를 해야만 실패를 줄이는 방법도 생각할 수 있었기 때문이다.

서른 중반을 넘기며 눈빛 초롱초롱한 딸아이를 옆에 두고 남편에게 말한다.

"여보, 나 이제, 실패할 거야."

황당하게 나를 바라보는 그를 보며 작게 웃었다

"안전하지 않았으나, 언제나 살아 숨쉬는, 그런 실패."

* * *

오늘도 변함없이 작업실에서 구슬땀 흘리며 일하는 남편과, 내게 가장 맑은 사랑을 알려주는 딸 정연에게 고마움을 전합니다. 힘들어도, 쉽지 않아도, 눈에 안 보이기 때문에 늘 의심하게 되는 행복이나 양심에 대해 일깨워주는 두 사람에게 감사합니다. 그리고 언제나 난로처럼 따뜻하게 곁을 내어주는 가족과 친구들에게 감사합니다. 책을 준비하는 과정에서 우리는 다시 한 번 이사를 했습니다. 이곳에서도 변함없이 공간을 변화시키는 작업은 계속되고 있습니다.

　기류를 타고 날아가는 새처럼 자유롭게 살아가겠습니다.

♥ **테이블 (물풀레나무)**

사이즈 … 가로 1700 × 세로 700 × 높이 750
다리 : 70 / 에이프런 : 80

① 재단된 테이블 상판
② 다리 각재에 하부 구조가 연결될 구멍을 낸다

③ 다리 각재 4개 모두 동일하게 구멍을 낸다
④ 다리 각재를 연결하는 에이프런
    다리 각재 4개, 에이프런 4개로 하부 구조물을 만든다

⑤ 접합 부위에 목공본드를 바른다
⑥ 다리와 에이프런을 꺼 맞춤 방법으로 결합한다

⑦ 클램프를 이용하여 단단하게 고정시킨다
⑧ 다리와 에이프런이 연결된 상태

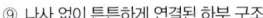

⑨ 나사 없이 튼튼하게 연결된 하부 구조
⑩ 테이블 상판 뒷면으로 하부 구조를 결합한다

⑪ 홈을 파서 8자 철물을 부착한다
⑫ 8자 철물은 나무의 수축팽창에 맞춰 좌우로
　움직일 수 있도록 나사의 고정 자리가 넓다
⑬ 상판과 하부 구조가 연결된 상태

⑭ 테이블 완성

♥ 모서리 수납장 (소나무)

사이즈 ⋯ 전체 높이 : 1800 × 가로 600 × 삼각 빗변 각각 400
아래 수납장 높이 : 920 / 위 칸 수납 선반 한 칸 높이 : 270

① 제작할 크기에 맞춰 소나무를 재단한다
② 마주볼 옆면에 선반 목재를 끼워 넣을 홈을
판다

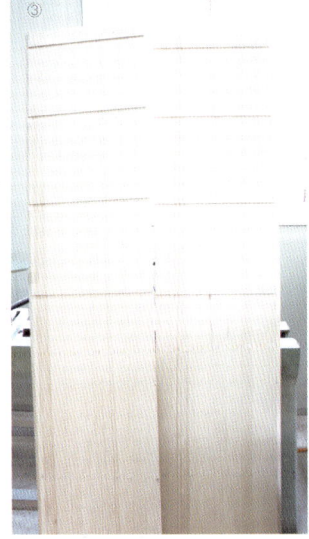

③ 재단 후 홈을 파놓은 옆면
④ 파놓은 홈에 목공 접착제를 바른다
⑤ 홈으로 선반 목재를 끼워 넣은 후 클램프로 고정한다
⑥ 옆면과 선반 목재들을 나사로 고정한다

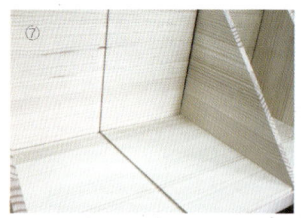
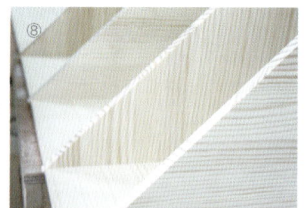

⑦ 클램프로 고정하면서 하나씩 나사 조립을 한다
⑧ 수축팽창 시 변형이 적도록 하기 위해 내부 삼각 선반의 나뭇결이
　서로 다른 방향이 되도록 교차해서 조립한다(이렇게 조립하면 뒤틀
　림 없이 오래 사용할 수 있다)
⑨ 내부 선반 조립 완료
⑩ 기호에 따라 아래 칸에 문을 달거나 패브릭으로 여유 있게 가림 막
　을 해도 좋다

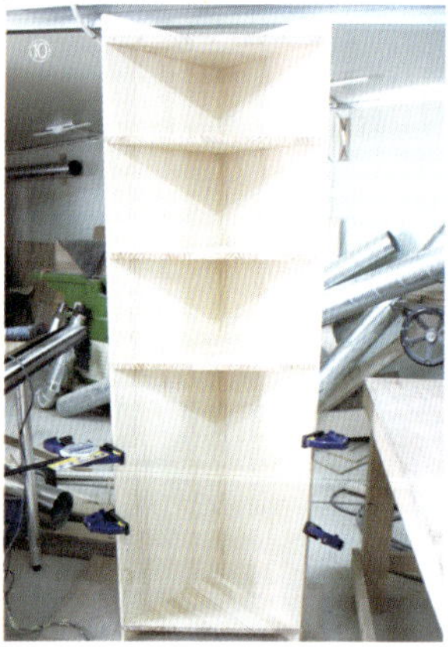

⑪ 화이트로 도색하여 문까지 달아놓은 상태
⑫ 작지만 적절한 수납과 인테리어 효과도 좋다

♥ 수납장 (소나무 + 삼나무)

　　사이즈 … 가로 1600 × 세로 450 × 높이 1400

① 재단한 목재 위에 홈을 파낼 부분을 표시한다

② 파내기 편리하도록 지그를 만들어 일정한
　 모양으로 홈을 만든다
③ 조립 준비
④ 재단된 목재를 조립한다
⑤ 클램프로 단단히 고정하면서 조립한다

⑥ 뒤판은 목재를 끼워놓는 식으로 제작한다
⑦ 나무의 수축팽창에도 뒤틀리지 않도록 여유를 두고 조립하는 것이 좋다
⑧ 조립 완성
⑨ 곱게 사포질하여 표면을 부드럽게 만든다

⑩ 아래 칸에 넣을 수납 바구니
⑪ 아이를 위한 수납장 완성

🖤 원목 침대 (물푸레나무 + 편백나무)

사이즈 ··· 가로 1100 × 세로 2100 × 높이 450

① 침대의 뼈대가 될 물푸레나무 목재
② 철물로 각각의 모서리를 조립한다
③ 침대 구조를 만든다
④ 홈을 파놓은 자리로 목재를 껴 맞춘다
⑤ 갈빗대까지 껴 맞춘 침대

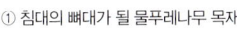

⑥ 항균과 피톤치드 활성이 좋은 편백나무로 상판을 덮는다
⑦ 조립 완성

⑧ 기본적인 디자인으로 어떤 침구와도 잘 어울린다

♥ 벙커 침대 설계도

사이즈 … 가로 3000 × 세로 1100 × 높이 1300

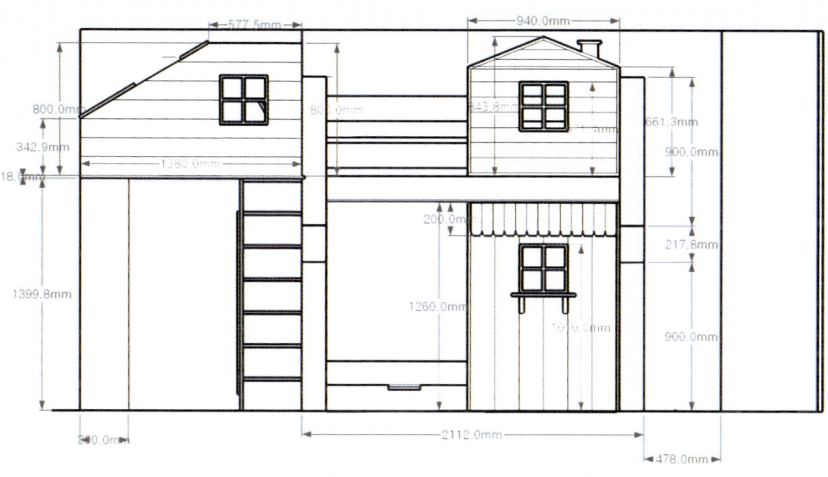

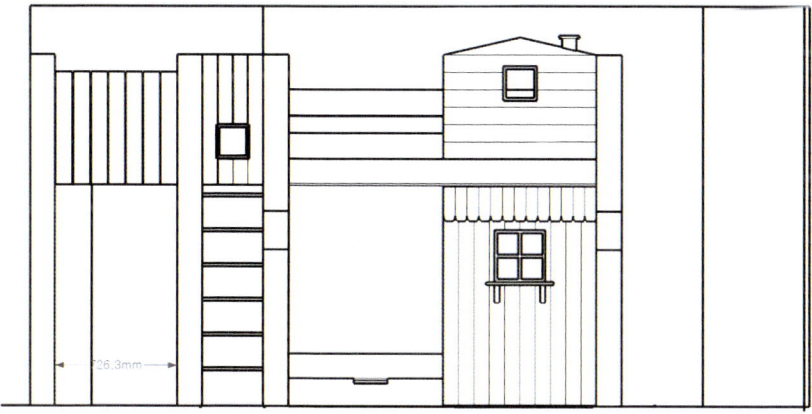

국립중앙도서관 출판시도서목록(CIP)

(살고 싶은 갖고 싶은) 작은 집 작은 가구 / 지은이: 김선영.
— 고양 : 위즈덤하우스, 2013
    p. ;   cm

ISBN 978-89-6086-627-0 13590 : ₩13000

목공[木工]
목재 가구[木材家具]

584.98-KDC5
684.1-DDC21   CIP2013022040

살고 싶은 갖고 싶은
작은 집 작은 가구

초판 1쇄 인쇄 2013년 11월 4일   초판 1쇄 발행 2013년 11월 11일

지은이 김선영
펴낸이 연준혁

출판 2분사 분사장 이부연
책임편집 박경순 디자인 함지현
제작 이재승

펴낸곳 (주)위즈덤하우스 출판등록 2000년 5월 23일 제13-1071호
주소 (410-380) 경기도 고양시 일산동구 장항동 846번지 센트럴프라자 6층
전화 (031)936-4000 팩스 (031)903-3895
홈페이지 www.wisdomhouse.co.kr 전자우편 wisdom2@wisdomhouse.co.kr
종이 월드페이퍼 인쇄·제본 (주)현문 후가공 이지앤비

값 13,000원 ISBN 978-89-6086-627-0 13590